浙江省"尖兵""领雁"研发攻关计划项目（2022C03148）
国家自然科学基金项目（61702454）
浙江省哲学社会科学规划课题重点项目（22NDJC007Z）

生理计算
与设计

Physiological
Computing and
Design

唐智川◎著

ZHEJIANG UNIVERSITY PRESS
浙江大学出版社

图书在版编目(CIP)数据

生理计算与设计/唐智川著. —杭州:浙江大学
出版社,2022.6
ISBN 978-7-308-22778-0

Ⅰ.①生… Ⅱ.①唐… Ⅲ.①人工智能-计算 Ⅳ.
①TP183

中国版本图书馆 CIP 数据核字(2022)第 107206 号

生理计算与设计

唐智川 著

责任编辑	陈 宇	
责任校对	赵 伟	
封面设计	续设计	
出版发行	浙江大学出版社	
	(杭州市天目山路 148 号 邮政编码 310007)	
	(网址:http://www.zjupress.com)	
排 版	杭州星云光电图文制作有限公司	
印 刷	广东虎彩云印刷有限公司绍兴分公司	
开 本	710mm×1000mm 1/16	
印 张	11.5	
字 数	260 千	
版 印 次	2022 年 6 月第 1 版 2022 年 6 月第 1 次印刷	
书 号	ISBN 978-7-308-22778-0	
定 价	68.00 元	

前　言

随着信息技术的不断发展,产品设计的内涵也在发生改变。不断涌现的新兴技术使设计领域的边界变得越来越模糊,研究途径变得越来越多元,这对设计的广度、深度和复杂度提出了更高要求。生理计算为产品设计提供了基于用户生理与情感信息的交互方式和评估方法,使系统、任务和产品适应用户成为可能,同时也提供了一种让系统了解用户偏好的方法。在设计领域应用中,生理计算能够通过监测心理与生理中的各项指标来提高产品性能、提升设计效率及优化用户情感体验。近年来,生理计算已广泛应用于智能驾驶、机器人、远程医疗、教育、游戏等领域的设计与实践。因此,生理计算设计研究具有重要的科学理论价值和应用价值。

本书基于作者多年生理计算与设计研究工作编写而成,从设计辅助、人机工程、人机交互以及设计思维四个方面阐述生理计算技术在设计领域中的结合方式与应用方法,内容涉及生理计算与设计、生理测量与评价、生理信号特征提取和生理计算在设计领域的应用等,具有理论与实践并重之特色。读者阅读后可对该领域有一个系统、全面的了解。

本书共9章。第1章为绪论,简述生理计算与设计的概况、设计领域中的生理计算与设计的结合方式;第2章为生理测量与评价,主要介绍主/客观生理测量评价方法、生理信号采集;第3章为生理信号特征提取,主要介绍生理特征和生理信号特征选择方法;第4章为生理信号识别模型构建,主要介绍生理信号识别模型构建方法与步骤,包括生理信号数据集构建和模型训练方法;第5至8章为生理计算在设计辅助、人机工程、人机交互和设计思维四个领域中的应用案例,主要介绍课题组近年来结合生理计算技术在跑步机人机界面设计、儿童安全座椅设计、背包设计、智能手机使用、脑控外骨骼、情感计算、创造力的影响机制等领域开展的相关工作;第9章为展望,探讨了生理计算技术在设计领域中的发展趋势,提出生理计算未来的研究方向和应用前景。

  本书是课题组多年来集体工作的结晶。第1章、第8章由夏丹提供素材;第2章、第9章由李鑫涛提供素材;第3章、第4章分别由王信洋、胡一丹提供素材;第5章、第6章、第7章由唐智川、刘晓萍、金雪雪和李鑫涛共同提供素材;全书由唐智川撰写并统稿。在此,向所有支持本书撰写的人员表示衷心感谢。

  由于作者水平有限,书中难免存在疏漏和不当之处,恳请广大读者批评指正。

唐智川

2022 年 6 月于浙江工业大学

目 录

第1章 绪 论

1.1 生理计算与设计概述

生理计算是一种通过测量人体生理信号以实时计算用户生理和心理状态的一种技术,涉及生命科学、数学、医学、物理学、计算机科学、工程学等学科。生理计算为人机交互的一种创新模式,通过实时监控、分析和响应用户内在的心理与生理活动来实现系统交互。这些系统将心理、生理数据转换为控制信号,用户无须进行手动操作。生理计算依靠用户的自发性和潜意识,开启了用户与计算机间的新通道,在人机交互领域得到了高度关注。此外,软硬件技术的发展也极大地推动了生理计算从实验室或医疗机构等专业性场所走向大众化,从单纯的研究或医疗用途转变为一种重要的人机交互方法。目前的生理信号设备逐渐向可穿戴、隐式交互、移动且可靠的方向发展,可以被大多数交互式应用和生理信息驱动式应用支持和使用,已逐步成为未来人机交互技术领域的一个重要方向。

最早检测生理功能细微指标的手段是直接观察,如把耳朵贴在胸口听心脏有节奏的跳动。20 世纪初,生理传感器被开发出来,从而有了更客观的观察方式。随着计算机技术的普及,用来放大生理信号的专业机械和电子设备开始出现,研究人员利用它们处理和显示采集到的生理与心理数据。生理学家和心理学家一直在研究可检测的生理信号,旨在了解由心理和生理状况不断变化所引起的身体反应。目前可检测到的生理信号主要来源于中枢神经系统(central nervous system,CNS)、躯体神经系统(somatic nervous system,SNS)和自主神经系统(autonomic nervous system,ANS),如图 1.1 所示。其中,中枢神经系统包括大脑和脊髓,躯体神经系统与肌肉的控制有关,自主神经系统控制和协调身体的主要腺体和器官。其主要的生理信号包括心电信号(electrocardiogram,ECG)、眼动信号(electrooculogram，EOG)、皮肤电信号(electrodermal activity，EDA)、肌电信号(electromyo-graphy，EMG)、脑电信号(electroencephalogram，EEG)、呼吸信号(respiration，RSP)等。

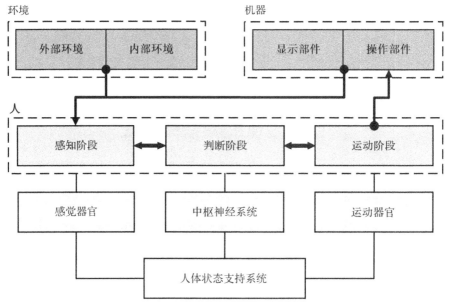

图 1.1　人机系统内部信息交流示意

1.2　设计领域中的生理计算

设计在发展,不断涌现的新兴技术使设计领域的边界变得越来越模糊,途径变得越来越多元,这对设计的广度、深度和复杂度提出了更高要求。生理计算为产品设计提供了基于用户生理与情感信息的交互方式和评估方法,使系统、任务和交互适应用户成为可能,同时也提供了一种让系统了解用户偏好的方法。在设计领域应用中,生理计算能够通过监测心理、生理中的各项指标来提高产品性能、设计效率和用户情感体验。近年来,生理计算已广泛应用于智能驾驶、机器人、远程医疗、教育、游戏等领域的设计与实践。生理计算在设计领域中的应用可归纳总结为设计辅助、人机工程、人机交互以及设计思维四个方面。

1.2.1　设计辅助

随着社会发展和科技进步,人们对生活质量的要求越来越高,消费需求也逐渐上升到了精神与情感层面。因此,为满足消费者的精神与情感需求,人们试图运用感性工学的原理把这些不定量、无法具体表现出来的因素以定量的形式呈现出来,从而建立了感性设计辅助系统。设计辅助主要是指收集产品样本和产品感性意象语汇资料,结合产品分解出的设计元素进行用户调研,通过相关数学模型对调研数据进行分析,从中建立感性意象与产品设计之间的关系模型,获得所需的产品设计元素,进而设计出符合用户感性需求的产品。随着科技发展和设计对象的复杂化,单凭问卷或访谈等主观方法进行设计评价存在局限性,可能会因为主观数据的准确度问题难以挖掘用户的潜在需求。这就需要在设计辅助的研究中,同步采集和分析生理信号来获取更加真实、直观的用户心理与生理活动数据,并通过这些数据建立信号特征与用户需求的映射关系,以实现精准、客观的设计评估。目前,关于生理信号指标的设计辅助主要体现在产品设计评价、用户体验评价以及平面设计评价等方面。

1. 产品设计评价

产品设计评价是指对产品设计的方案进行比较,评定各种方案的价值,从而筛选出最佳的设计方案。合理的设计评价方法能有效保证产品设计质量,降低设计的盲目性,提高设计效率,从而为设计改进提供依据。基于人体生理指标的产品设计评价方法以人体负荷为中心,以人体生理参数为指标,通过人体生理指标描述不同设计方案对人体负荷的影响,建立设计方案与人体之间的联系,为设计方案的筛选提供参考,体现了以人为本的设计思想。

在产品设计领域,越来越多的研究者采用视觉轨迹判断被试的心理状态,从而获取用户需求。麻亚博(2017)提出了基于眼动信号评价产品设计要素的重要程度的方法,并建立评价模型,对被试观察产品时的眼动信号指标进行计算,得出产品设计要素的重要度排行,以汽车前脸为例验证了模型的可用性。Wang 等(2020)采用眼动追踪和问卷调查的方法,探讨产品形象背景复杂性对消费者注意、信息加工和购买意愿的影响,还考虑了消费者认知风格的调节作用。Wu 等(2018)基于眼动信号和脑电信号,对用户观看汽车设计方案时的心理尺度与审美观进行客观评价,解决了专家或领导者在汽车工业设计方案评价中主观决策缺乏科学依据的问题。实验结果表明,在评价汽车工业设计方案的过程中,相对于用户的主观问卷数据,眼动信号指标和脑电信号指标能使选择的结果更加客观与准确。

2. 用户体验评价

用户体验是人机交互领域中的一个分支,主要是指人机交互中个人的主观感知与感受,以及其对交互的产品、系统或服务等使用或预期使用所产生的响应。用户体验结合了可用性、有用性和情感。其中,情感对互动体验质量的影响备受关注。用户体验的目标是通过关注积极的情绪来预防沮丧和不满等情绪。

对于用户体验评价,可以通过问卷调查、访谈和视频分析等多种方法进行测量。然而,这些方法相对费时,且易受主观因素的影响。为解决这些问题,研究人员引入了诸如面部表情、语音语调和生理信号分析等方法。Keskin 等(2002)采用将眼动信号和脑电信号相结合的方法,研讨了不同难度(简单、中等、困难)下专家型和新手型地图使用者在检索地图相关信息时的认知过程。基于城市地标的导航过程容易混淆变量且无法在真实环境中获取可靠数据,很难在严格的方式下进行研究。为了更好地理解城市导航任务中地标使用和识别的神经过程,Rounds 等(2020)开发了一个虚拟环境和脑电信号的研究平台,如图 1.2 所示。这个平台可以在虚拟环境中调整不同建筑的建筑参数,能对特定的设计特征进行隔离和测试,以确定它们是否可以作为地标。为了准确、定量地描述建筑空间环境对人的主观

(a)　　　　　　　　　　　　(b)

(c)　　　　　　　　　　　　(d)

图 1.2　沉浸在城市环境中的虚拟环境(参与者视角的屏幕截图)

感知的影响,Li 等(2020)同样使用虚拟环境和脑电信号在开放的室外空间、半开放的图书馆与封闭的地下室环境中,研究了人类感知的变化,包括生理、心理和工作效率指标。通过分析主观问卷与脑电 β 节律的相关性,揭示了主观感知与生理信号的相关性,并推导出不同环境对工作效率的影响机制,为基于居住者的满意度和身心健康的建筑空间设计提供了更有价值的参考。

3. 平面设计评价

平面设计又称图形设计,泛指通过创造与结合多种符号、图片和文字传达信息的视觉表现方式。常见的平面设计包括杂志、广告、产品包装和网页设计。在数字时代环境下,良好的平面布局有助于用户快速、高效地获取信息,进行视觉搜索并成功完成相关操作,增强用户对系统的积极认知,从而使产品为企业带来更多利润。随着数字接口在复杂系统中的广泛应用,复杂系统的平面设计变得越来越迫切。

为了优化用户在浏览网页时的交互体验,国内外许多专家学者对网页界面布局进行了研究,如图 1.3 所示(Shao et al.,2015;Courtemanche et al.,2018)。胡占梅(2014)通过分析用户的人脸表情、肢体行为、生理信号和文本输出等情感表现,了解用户的情感需求,设计出符合儿童认知与情感特点的汉语学习网站。Hong 等(2021)利用眼动仪考察了网络动画效果对在线消费者在浏览和搜索任务中的注意力和回忆的影响。Stevens 等(2020)通过眼动信号研究调查了不同电子烟广告对年轻人的影响,并提出相应的电子烟广告监管策略。Lou 等(2020)提出了一种设计方案评价框架及一种多组决策算法来实现协同设计方案评估,系统分

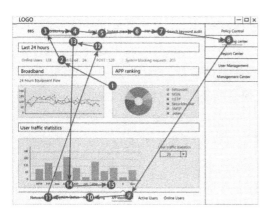 

图 1.3 网页眼动测评时的扫描路径示意与网页眼动测评时的热区示意(深色区域表示用户注视的频率更高)

析了设计师、专家和客户的评级过程,利用脑电信号来探究顾客在产品使用过程中的隐性心理状态及模糊测度,并和 Choquet 积分对多组决策者的评价结果进行综合,以确定最优设计方案。

1.2.2 人机工程

人机工程是研究人、机器和环境间的相互作用及联系,使设计的机器和环境系统适合人的生理及心理特点,达到在生产中提高效率、安全、健康和舒适目的的一门科学。其中,人是作业者或使用者;机器包括人操作与使用的一切产品和工程系统;环境是指人们工作和生活的噪声、照明与气温等因素。传统人机工程研究中的研究测试只能测量客观的人体数据等外部生理信号,不能预测人的主观感受(如舒适性、心理状态等)。随着生理计算领域的技术发展,各类生理信号在人机工程的研究中发挥重要作用,采集相关的生理信号(如脑电信号、肌电信号等)并分析获取对应的信号特征(如频域、时域特征等),可以作为产品设计、使用评估等过程中的一种客观评价指标。本节主要从产品设计中的人机工程分析、人机工程生理测评和人机工程心理测评几个方面进行介绍。

1. 产品设计中的人机工程分析

传统产品设计中的人机工程分析主要包括人体测量学、生物力学、劳动生理学、环境生理学、工程心理学以及时间与工作研究学六个方面。产品设计主要体现在对人体数据、环境等方面内容的分析,此类研究通过分析特定场景下用户使用产品、从事相关活动时的人机工学给出设计建议。Xu 等(2021)通过分析鼻内窥镜颅底外科手术中外科医生操作手术时的人机工学模型,提供了手术室及设备的安装布局建议,以减轻医生操作时的疲劳度;Tan 等(2015)在其对旋钮设计的人机工程学研究分析的综述中回顾分析了各类旋钮设计的案例,并从旋钮的类型、造型、位置、表面纹理等多个角度对其操作效率与使用的舒适性进行探究,提出了一种工业设计中的旋钮设计规范。

不同于传统的人机工程设计研究,基于生理信号的人机工程设计通过采集生理数据进行相应的设计测评以获得符合人体工程学的产品设计方案,作为一种客观的设计依据来评估人机工程学的规范性。Pham 等(2015)通过采集隐式生理信号(光电容积扫描),对慕课(massive open online coursesas, MOOC)的学习效率与状态进行监测式评估,发现了生理信号与用户对学习材料的理解程度、学习效率等指标的映射关系。类似地,Tian 等(2017)通过测量心电信号、呼吸信号以及皮肤电信号,对玩家在接收不同难度游戏时的生理活动状态进行评估,结果表明,高难度的游戏内容会导致明显的呼吸速率加快、呼吸深沉、心率加快。这种映射关系也可以作为一种游戏设计的指标,帮助开发者对游戏难度等要素进行设计评估。

从传统的人机工程分析到基于生理信号的评估,相比于主观感受,易表达、高精度、客观的数据越来越多地被作为一种必要的测量指标(结合主观反馈)成为设计参考,为产品设计中的人机工程分析提供了更坚实的基础。

2. 人机工程生理测评

随着人体信号传感技术与相关处理算法的发展,越来越多的生理信号(如脑电信号、肌电信号、心电信号等)测评进入人机工程设计研究领域。

人机工程的一个重要应用领域是作业环境或使用机器的疲劳和舒适度检测,这种基于生理信号的人机工程监测方法由于其准确性与客观性,在设计与产品评测等相关领域被广泛采用。Liu 等(2019)在其研究中利用可穿戴的传感器测量生理参数,分析用户对于温度舒适度的评估模型,降低了研究过程中个体耐热性、偏好等主观差异对温度的舒适度评估影响。扈静等(2019)利用肌电信号测量和生物力学理论计算的方式获取驾驶状态时的肌肉和关节负荷,从深层次理解驾驶操纵的不舒适性。Li 等(2012)探究了皮肤与不同外表面摩擦时的舒适感评估与生理参数(如皮肤电导、皮肤温度和脑电信号)的关系。Dillen 等(2020)采集皮肤电信号分析自动驾驶过程中乘客的舒适度和焦虑感,以此对自动驾驶过程中驾驶风格、加速度等参数进行动态调整。这类研究采用生理信号对用户的主观感受进行分析,可以在实际应用中进行用户安全评估、优化交互体验等任务,如图 1.4 所示。如德州仪器(Texas Instruments)公司研发的驾驶安全辅助传感器通过毫米波检测驾驶员的胸口起伏情况,结合相应算法获得驾驶员的心率情况与呼吸信号,并与车联网应用结合去判断驾驶员的驾驶状态,进行安全警告和辅助驾驶,以保证驾驶过程中的安全性。

这类信号的研究不仅作为一种人机工程设计评估的指标被采用,在应用领域的探究也愈发深入。健康监测与测评是较多直接应用生理测评技术的领域,通常运用不同的采集方式采集相应的生理数据,并实时分析反馈用户的生理状态。这种技术在专业的医疗康复过程中能帮助医生和患者对康复状态进行测评,如 Ali 等(2020)针对监视心脏病患者的活动开发了一种多模态生理信号识别模型,这种模型结合特征融合算法,可以对过程中相关的多种生理信号综合性地进行采集、分析与识别,高效实现在治疗过程中对病人进行动态的生理状态监测。随着技术门

图 1.4　生理信号在驾驶中应用的场景

槛降低,这种技术逐步家用化。如 Dey 等(2017)开发了一种利用心电信号进行医疗保健监控的家用无线传感器网络,通过连续实时无线采集家庭成员的心电信号,处理反馈给医护人员用以监测用户日常生活中的心电信号情况,并通过数据学习对潜在的风险进行评估预测。类似的应用也逐步尝试移动化监测技术,如美国麻省理工学院媒体实验室的衍生公司 Empatica 在 2018 年提出一款在神经病学领域应用的智能手表,如图 1.5 所示。该款设备可以通过收集心电信号等相关信号实现癫痫等病状检测。设备通过蓝牙与智能手机配对,可以在感受到用户压力指标

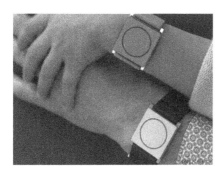

图 1.5　智能手表产品

图片来源:https://wiimages.condecdn.net/image/gj9JnRxQJVQ/crop/1020/f/embracealert.jpg.

上升或即将上升时发出警报,提醒癫痫患者(或护理人员)停止工作,提前进行呼吸练习或冥想来减轻压力,尽量避免癫痫发作。

不仅如此,基于生理测试的应用还可以应用于人机工程中的交互行为,如微软公司发明了一种基于肌电信号的可佩戴控制器,多个肌电信号传感器通过用户肌肉移动生成的电信号与计算系统和附属设备交互进行有线或无线接入。在初始自动化自校准和位置定位后,可佩戴控制器通过对肌电信号传感器信号的采样实现对由肌肉产生的电信号的测量和解释。在操作过程中,基于肌电信号的可佩戴控制器被用户穿戴,并放在皮肤表面近似的位置上,然后向用户提供自动化提示或指令以微调该基于肌电信号的可佩戴控制器的放置。基于肌电信号的可佩戴控制器包括具有多个集成的基于肌电信号的传感器节点和相关电子设备的臂带、手表、服装物品等。

3. 人机工程心理测评

研究基于生理信号的人机工程不仅能解决系统中人的效能,更能对人的心理感受问题提供科学的理论与方法。通过基于生理信号的人机工程的心理测评,可以更加准确客观地分析使用者的心理状态,这种应用对设计评价方法、用户心理研究以及人们的健康生活都会产生重要影响。张显奎等(2008)根据感知色彩时人的生理与心理综合变化,得到色彩属性与生理信号之间的关系,并且从人机工程角度提出基于眼动信号的色彩客观评价算法,为产品的设计和使用提供用户心理感受层面的客观评价指标,改善产品的销售、使用和安全等。陈斯琪(2017)在其计算机辅助色彩研究中给出了一种应用眼动追踪技术从生理信号的层面结合心理学研究来量化色彩语义的解读。该研究通过处理原始的眼动信号,基于人工神经网络完成色彩所隐含的心理感受与语义值之间的映射关系。成功的色彩设计可以使用户获得良好的感知体验。不同于以往设计过程中主观、感性的色彩设计,这种基于生理信号的心理测评方式,可以获得更精确的用户体验并用以辅助设计开发过程。

这种基于生理信号的心理测评也可应用于对用户心理状态、情绪等进行的检测,并依据检测技术更广泛地在安全驾驶、医疗健康、社会保障等领域中应用。Fernandes等(2014)分别对皮肤电信号、心率、血压、心电信号、呼吸信号等多种生理信号在用户压力、焦虑感检测方面进行准确性与效率分析。研究表明,基于这两类生理信号的识别模型,可以快速准确地对用户的心理状态(压力大小)进行反馈,并在一定程度上预测用户的压力变化趋势。这种算法的实用性也在实时应用中检测有效。人机工程中基于生理信号的心理测评也可以更客观地分析用户的主观感受。Khanal 等(2018)创建了一种基于情绪识别的老人护理产品界面设计的评估方法,该方法通过相关的生理信号接口采集与分析信号,识别和预测老人在护理产品界面测试中的情绪体验,不仅考虑到产品中的健康问题,也通过实时的情绪识别使用户有更好的心理体验。由类似的研究可以发现,基于生理信号的分析手段在产品设计的心理测评中是一种十分准确可靠的技术。

1.2.3 人机交互

人机交互是一门研究系统与用户之间交互关系的学科,系统可以是各种各样的产品、机器,也可以是计算机化的系统和软件。生理信号传感技术的进步及其可用性的突破使新层次的交互方式成为可能。采集分析交互过程中的生理信号数据,可以对用户的意图和认知进行识别与评估,并给出相应的交互反馈。近几年,越来越多的生理信号被应用于人机交互的不同领域,在拓展不同交互方式的同时,也出现了很多新型的交互设备,这些设备使得生理信号的应用不再局限于医疗场景。本节根据不同生理信号在设计领域中的应用,介绍脑机交互、肌机交互与眼动交互三种常见的交互方式。

1. 脑机交互

脑接交互技术已广泛应用于产品设计与艺术创作。BioMuse 应用程序使用眼动信号和脑电信号,让有运动障碍和瘫痪的人能够操作电脑,同时也可以用于生成音乐。为了提高参观者对中国艺术品的兴趣和理解,Chen 等(2021)设计了一个以脑电信号控制为基础的中国画创作互动装置(见图 1.6),参观者可以通过佩戴商业脑电信号耳机来控制线条、颜色和人物动作的产生。该装置提供了一种新颖的"用意念绘画"的体验,同时还将参观展览转变为一种愉快的游戏体验。Stein 等(2018)使用 Emotiv EPOC 脑电信号耳机监测个人兴奋水平,当玩家的兴奋度降低时,这些信息可触发动态难度调整机制,通过降低较弱玩家的难度或增加较强玩家的难度,以确保玩家沉浸于游戏中并享受游戏乐趣。

脑机交互除了应用于上述互动艺术和游戏设计,也越来越多地应用于帮助特殊人群进行生理康复和治疗心理疾病。Wang 等(2018)设计了一种基于脑电信号和眼动信号的跑酷游戏系统帮助青少年锻炼情绪控制,尤其是帮助克服青少年多动症。埃莉萨(Elisa)以两名患有肌萎缩性侧索硬化症、失去绘画能力的艺术家为研究对象,将脑机交互技术应用于绘画创意表达。研究表明,脑机接口(brain-com-

图 1.6 基于脑电控制的中国画创作互动装置

puter interface,BCI)控制的精度为 70%~90%,两名用户都对脑绘画系统非常满意。因为脑绘画使他们更好地融入家庭与社会,从而提升了他们的幸福感、有用性、自尊感、幸福感。目前,实际投入市场使用的具有代表性的脑机交互设备,有 BrainCO 公司的脑机器人手和使用精神反馈力量减轻压力和改善健康的焦点卡姆头带等。

2. 肌机交互

肌机交互是通过人体肌肉的肌电信号对外部设备进行控制与沟通的交互方法。Caramiaux 等(2015)通过解码手臂肌肉的肌电信号识别不同的手势;Linderman 等(2009)通过解码手部和前臂肌肉的肌电信号识别不同的手写字体,证明了只通过肌电信号即可重建笔迹的可行性;李宁(2021)通过上肢外骨骼表面肌电信号实现了单侧肢体运动功能受损用户的上肢控制;杜群(2021)采用表面肌电信号预估手臂肌肉收缩力度,完成智能仿生手对物体抓握力度的控制,并提高其灵活性和智能性。肌机交互也是康复外骨骼系统常用的一种控制方式,它能感知用户的真实意图,实时反映患者的肌肉活动程度。

3. 眼动交互

眼动跟踪技术可以应用于探索认知过程及产品的智能控制。马春晖(2019)通过视觉引导技术对轮椅进行前、后、左、右四个方向的移动操控;Nasor 等(2018)利用虹膜运动控制计算机屏幕光标运动,让残疾人能够控制计算机光标进行上、下、左、右四个方向的移动;刘昕(2019)基于眼动信号数据设计了眼动行为实时识别算法,实现了键盘界面的操作和无人平台的控制;朱琳等(2020)通过捕获眼动信号数据开发了一套眼动信号控制的交互式地图原型系统,可对地图进行眼动交互。还有学者将眼动跟踪技术应用于虚拟现实场景中,通过识别眼睛当前注视的物体,实现虚拟现实场景中用户对物体的操控,就像我们点击鼠标或触碰图标一样。这项技术不仅可以营造一种身临其境的体验,还可以缓解部分虚拟现实(VR)产品使用者所产生的眩晕感。此外,产品还配有虹膜扫描功能,它可以提高产品使用的安全度。

成熟的眼动追踪研究和交互应用技术的专业设备的通常成本较高。因此,近年来不断涌现低成本的眼动交互系统的研究。如基于外观人眼视线方向估计的人机交互方法。其使用一个简单快速的卷积神经网络模型粗略估计人眼在屏幕上的注视点,进而将眼动识别和视线跟踪结果用于计算机界面的控制与交互。该研究让使用者仅用一个普通的单目摄像头就可以实现眼动跟踪,并利用眼动控制来完成计算机上大部分的交互指令。

1.2.4 设计思维

设计思维从人的需求出发,为各种议题寻求创新解决方案,并创造更多的可能性。设计思维的研究包含探索触发创意的方法和分析设计思维的规律,了解设计师在设计活动中的思维和认知过程,对设计理论和方法论的发展具有重要意义。生理信号的介入,为研究者探索设计活动中思维与认知的生理性反馈提供了一条新道路,通过分析生理信号与生理活动特征,设计师在设计活动中可以从新的思维认知和角度进行评估分析。根据设计思维研究方向的不同,本节从思维创新指导和设计思维规律两个方面进行介绍。

1. 思维创新指导

设计思维研究的传统方法是方案分析。Kavakli 等(2002)对新手和专业设计师的设计草图进行分析,探讨两者在认知活动中失衡的可能原因;Bilda 等(2004)通过让专业建筑师蒙眼或不蒙眼来研究手绘设计活动的认知活动差异;Tseng 等(2008)通过研究问题相关的性质和给出信息的时间,了解人们如何在寻找问题的解决方案时吸收和应用新获得的信息。与此同时,研究者还开发和评估了各种增强设计思维、提高创意能力的方法,如头脑风暴、建立随机联系、线性演变等。但是,这些方法容易受到主观因素的影响,而生理信号的出现使得设计思维的研究结果变得更加客观和可靠。

在生理信号相关的设计思维研究中,基于脑电信号的测评方法已经取得了显著的成果。Nguyen 等(2010)利用脑电图来记录设计者在执行设计任务时的脑电信号,计算各通道脑电信号的功率谱密度。结果表明,对于预设的设计问题,设计师在解决方案生成过程中比在解决方案评价过程中花费更多精力进行设计思考;通过脑电图信号能够识别单个设计师在概念设计过程中的思维规律与变化。除了脑电信号外,其他生理信号也被用于对设计思维的研究。Duan 等(2020)通过记录心率和唾液中的皮质醇,考察了急性压力对创造性解决问题的影响;Causse 等(2010)探讨了心率和瞳孔变化与思维过程中认知和情绪功能之间的联系;Chae 等(2011)通过记录被试的皮肤电信号和心率,探索了设计任务难度和情绪压力对创造性表现活动的影响机制。

2. 设计思维规律研究

设计思维方式大致可以分为四类:逆向和顺向的思维方式、发散和聚合的思维方式、转换和位移的思维方式、创新和关注细节的思维方式。Guilford(1950)对设计创造性思维的实证研究产生了很大影响,特别是对发散和聚合思维认知过程的研究。Jauk 等(2012)招募 55 位被试进行了完成一项交替使用任务(发散思维)和一项单词联想任务(聚合思维)的实验,在实验进行时同步记录脑电信号。结果表明,完成发散性任务中的实验时记录的与任务相关的脑电功率比聚合性任务高,其中,脑电信号 α 同步可以明确与发散性认知加工相关联。进一步研究表明,在创造性思维过程中,α 波段与内部导向的注意力有较强的关联。Liang 等(2017)使用脑电信号深入研究了不同视觉刺激对专业设计师的视觉注意力与联想过程的影响。实验结果显示,当设计师参与视觉注意力任务时,前额叶区域特别活跃;而在参与视觉联想任务时,分布在前额叶、额中央以及枕叶区域的脑电波特别活跃。Sun 等(2014)进行了一项绘制草图实验,招募了 41 名平均从事工业设计 5.7 年的学生。实验分为固定时间间隔呈现刺激的草图、持续有刺激的草图和没有刺激的草图三种情况。在被试绘制草图的过程中记录眼球运动,并分析被试对刺激的注意、刺激在设计理念中的直接应用、理念的联系和分化。与在其他实验条件下的被试相比,用刺激物进行素描的被试具有更高的素描质量,他们对刺激的关注时间更长,在相关想法间建立了更多联系,进行了更有差异和平衡的探索。

Benedek 等(2014)使用功能磁共振成像(function magnetic resonance imaging，fMRI)研究创造性想法产生过程中的大脑激活现象，探讨了记忆与产生创造性想法之间的联系。基于生理信号的设计思维规律研究能更加客观地帮助设计师从认知科学的角度理解设计问题，并在设计过程中提供有效的思维辅助，以提高设计效率。

1.3　本章小结

本章对生理计算与设计的基本概念和应用进行了概述，主要包括生理计算的定义、历史发展、研究范围以及其在设计领域中的应用。其中，着重探讨了生理计算在设计辅助、人机工程、人机交互和设计思维研究四个方向的应用。具体来说，在设计辅助方面，通过建立用户需求与心理/生理信号数据的映射关系，将其应用于产品设计评价、用户体验评价以及平面设计评价中；在人机工程方面，通过生理信号检测舒适性和疲劳度等指标，为解决系统中人的效能、健康问题提供更科学的理论与方法；在人机交互方面，生理信号传感技术的进步及其可用性的突破使新层次的交互方式成为可能；在设计思维研究方面，生理计算技术被用来探索设计思维的一般规律，为创造力思维的提升提供理论指导。随着科技的快速发展，生理计算在设计领域会有更加广泛且有效的应用。

参考文献

曹恩国,王刚,王琨,等,2021.基于弹性装置驱动的外骨骼助行效能评价[J].工程设计学报,28(4):480-488.

陈斯琪,2017.基于语义的计算机辅助色彩设计研究[D].南京:南京航空航天大学.

杜群,2021.基于表面肌电信号的智能仿生手设计与研究[D].徐州:中国矿业大学.

扈静,钱佩伦,刘明周,等,2018.基于肌肉生理信号的操纵舒适性评价[J].中国机械工程,29(2):200-204.

胡占梅,2014.交互式情感与认知体验在用户界面设计中的应用研究[D].西安:陕西科技大学.

黄君浩,贺辉,2021.基于眼动跟踪的人机交互应用[J].山东大学学报(工学版),5(2):1-8.

李宁,2021.上肢外骨骼表面机电控制系统研究与设计[D].西安:西安工业大学.

刘昕,2019.基于眼动的智能人机交互技术与应用研究[D].南京:南京大学.

马春晖,2019.视线追踪在轮椅控制系统中的应用[D].长春:吉林大学.

麻亚博,2017.基于眼动信号的产品设计要素的评价研究[J].机械研究与应用,30(5):147-148,154.

王伟,丁建全,汪毅,等,2022.踝关节外骨骼助行模式对下肢肌肉激活与协调模式的影响[J].生物医学工程学杂志,39(1):75-83,91.

杨星星,张松,芦杨,等,2013.基于生理信号的疲劳驾驶风险检测方法的研究进展[J].中国医学装备(7):57-59.

张显奎,吴幽,张伟,等,2008.基于人体生理信号的产品设计评价方法[J].人类工效学,14(1):32-34.

朱琳,王圣凯,袁伟舜,等,2020.眼动控制的交互式地图设计[J].武汉大学学报(信息科学版),45(5):736-743.

ACHARYA D, VARSHNEY N, VEDANT A, et al., 2021. An enhanced fitness function to recognize unbalanced human emotions data[J]. Expert Systems with Applications,166:114011.

ALI F, EL-SAPPAGH S, ISLAM S M R, et al.,2020. A smart healthcare monitoring system for heart disease prediction based on ensemble deep learning and feature fusion[J]. Information Fusion,63:208-222.

ALLANSON J, FAIRCLOUGH S H,2004. A research agenda for physiological computing[J]. Interacting with Computers,16(5):857-878.

BENEDEK M, JAUK E, FINK A, et al.,2014. To create or to recall? Neural mechanisms underlying the generation of creative new ideas[J]. NeuroImage,88:125-133.

BILDA Z, GERO J S,2004. Analysis of a blindfolded architect's design session[C]//Visual and Spatial Reasoning in Design,3:121-136.

BURLESON W,2004. The emergence of physiological computing[J]. Interacting with Computers,16(5):851-855.

CARAMIAUX B, DONNARUMMA M, TANAKA A,2015. Understanding gesture expressivity through muscle sensing[J]. ACM Transactions on Computer-Human Interaction(TOCHI),21(6):1-26.

CAUSSE M, SÉNARD J M, DÉMONET J F, et al.,2010. Monitoring cognitive and emotional processes through pupil and cardiac response during dynamic versus logical task[J]. Applied Psychophysiology and Biofeedback,35(2):115-123.

CHAE S W, LEE K C,2011. Physiological experiment approach to explore the revelation process for individual creativity based on exploitation and exploration[C]//International Conference on Advanced Computer Science and Information Technology. Springer, Berlin, Heidelberg:295-304.

CHANEL G, MÜHL C,2015. Connecting brains and bodies: Applying physiological computing to support social interaction[J]. Interacting with Computers,27(5):534-550.

CHEN Z, LIAO J, CHEN J, et al., 2021. Paint with your mind: Designing EEG-based interactive installation for traditional Chinese artworks[C]//Proceedings of the Fifteenth International Conference on Tangible, Embedded, and Embodied Interaction: 1-6.

COURTEMANCHE F, LÉGER P-M, Dufresne A, et al., 2018. Physiological heatmaps: A tool for visualizing users' emotional reactions[J]. Multimedia Tools and Applications, 77(9):11547-11574.

DEY N, ASHOUR A S, SHI F, et al., 2017. Developing residential wireless sensor networks for ECG healthcare monitoring[J]. IEEE Transactions on Consumer Electronics, 63(4): 442-449.

DILLEN N, ILIEVSKI M, LAW E, et al., 2020. Keep calm and ride along: Passenger comfort and anxiety as physiological responses to autonomous driving styles[C]//Proceedings of the 2020 CHI Conference on Human Factors in Computing Systems: 1-13.

DONIEC R J, SIECIŃSKI S, DURAJ K M, et al., 2020. Recognition of drivers' activity based on 1d convolutional neural network[J]. Electronics, 9(12):2002.

DUAN H, WANG X, HU W, et al., 2020. Effects of acute stress on divergent and convergent problem-solving[J]. Thinking and Reasoning, 26(1):68-86.

EDMONDS E, EVERITT D, MACAULAY M, et al., 2004. On physiological computing with an application in interactive art[J]. Interacting with Computers, 16(5):897-915.

FAIRCLOUGH S H, 2009. Fundamentals of physiological computing[J]. Interacting with Computers, 21(1-2):133-145.

FERNANDES A, HELAWAR R, LOKESH R, et al., 2014. Determination of stress using blood pressure and galvanic skin response[C]//2014 International Conference on Communication and Network Technologies. IEEE:165-168.

FINK A, BENEDEK M, 2014. EEG alpha power and creative ideation[J]. Neuroscience and Biobehavioral Reviews, 44:111-123.

GUILFORD J P, 1950. Creativity[J]. American Psychologist, 5(9):112-116.

HOLZ E M, BOTREL L, KÜBLER A, 2015. Independent home use of brain painting improves quality of life of two artists in the locked-in state diagnosed with amyotrophic lateral sclerosis[J]. Brain-Computer Interfaces, 2(2-3):117-134.

HONG W, CHEUNG M Y M, THONG J Y L, 2021. The impact of animated banner ads on online consumers: A feature-level analysis using eye tracking[J]. Journal of the Association for Information Systems, 22(1):204-245.

HONG W, THONG J Y L, TAM K Y, 2004. The effects of information format and shopping task on consumers' online shopping behavior: A cognitive fit perspective[J]. Journal of Management Information Systems, 21(3):149-184.

JÄGER M, JORDAN C, THEILMEIER A, et al. ,2013. Lumbar-load analysis of manual patient-handling activities for biomechanical overload prevention among healthcare workers[J]. Annals of Occupational Hygiene,57(4):528-544.

JAUK E, BENEDEK M, NEUBAUER A C,2012. Tackling creativity at its roots: Evidence for different patterns of EEG alpha activity related to convergent and divergent modes of task processing[J]. International Journal of Psychophysiology,84(2):219-225.

KAVAKLI M, GERO J S,2002. The structure of concurrent cognitive actions: a case study on novice and expert designers[J]. Design Studies,23(1):25-40.

KESKIN M, OOMS K, DOGRU A O, et al. ,2020. Exploring the cognitive load of expert and novice map users using eeg and eye tracking[J]. ISPRS International Journal of Geo-Information,9(7):429.

KHANAL S, REIS A, BARROSO J, et al. ,2018. Using emotion recognition in intelligent interface design for elderly care[C]//World Conference on Information Systems and Technologies. Springer, Cham:240-247.

KNAPP R B, LUSTED H S,1990. A bioelectric controller for computer music applications[J]. Computer music journal,14(1):42-47.

LI J, JIN Y, LU S, et al. ,2020. Building environment information and human perceptual feedback collected through a combined virtual reality (VR) and electroencephalogram (EEG) method[J]. Energy and Buildings,224:110259.

LI W, PANG Q, JIANG Y, et al. ,2012. Study of physiological parameters and comfort sensations during friction contacts of the human skin[J]. Tribology Letters,48(3):293-304.

LIANG C, LIN C T, YAO S N, et al. ,2017. Visual attention and association: An electroencephalography study in expert designers[J]. Design Studies,48:76-95.

LIAPIS A, KATSANOS C, KAROUSOS N, et al. ,2021. User experience evaluation: A validation study of a tool-based approach for automatic stress detection using physiological signals [J]. International Journal of Human-Computer Interaction,37(5):470-483.

LINDERMAN M, LEBEDEV M A, ERLICHMAN J S,2009. Recognition of handwriting from electromyography[J]. ZHOU W-L. PLOS ONE,4(8):e6791.

LIU S, SCHIAVON S, DAS H P, et al. ,2019. Personal thermal comfort models with wearable sensors[J]. Building and Environment,162:106281.

LOU S, FENG Y, LI Z, et al. ,2020. An integrated decision-making method for product design scheme evaluation based on cloud model and EEG data[J]. Advanced Engineering Informatics, 43:101028.

MCCLINTON W, CAPRIO D, LAESKER D, et al. , 2019. P300-based 3D brain painting in virtual reality[C]//Extended Abstracts of the 2019 CHI Conference on Human Factors in Computing Systems. Glasgow Scotland UK：ACM：1-6.

NASOR M，RAHMAN K K M，ZUBAIR M M，et al. ，2018. Eye-Controlled mouse cursor for physically disabled individual[C]//2018 Advances in Science and Engineering Technology International Conferences (ASET). IEEE：1-4.

NGUYEN P，NGUYEN T A，ZENG Y，2018. Empirical approaches to quantifying effort，fatigue and concentration in the conceptual design process：An EEG study[J]. Research in Engineering Design，29(3)：393-409.

NGUYEN T A，ZENG Y，2010. Analysis of design activities using EEG signals[C]//International Design Engineering Technical Conferences and Computers and Information in Engineering Conference，44137：277-286.

PHAM P，WANG J，2015. Attentive learner：Improving mobile MOOC learning via implicit heart rate tracking[C]//International Conference on Artificial Intelligence in Education. Springer，Cham：367-376.

ROUNDS J D，CRUZ-GARZA J G，KALANTARI S，2020. Using posterior EEG theta band to assess the effects of architectural designs on landmark recognition in an urban setting[J]. Frontiers in Human Neuroscience，14：584385.

SHAO J，XUE C，WANG F，et al. ，2015. Research of digital interface layout design based on eye-tracking[C]//MATEC Web of Conferences，22：01018.

STEIN A，YOTAM Y，PUZIS R，et al. ，2018. EEG-Triggered dynamic difficulty adjustment for multiplayer games[J]. Entertainment Computing，25：14-25.

STEVENS E M，JOHNSON A L，LESHNER G，et al. ，2020. People in e-cigarette ads attract more attention：An eye-tracking study[J]. Tobacco Regulatory Science，6(2)：105-117.

SUN L，XIANG W，CHAI C，et al. ，2014. Designers' perception during sketching：An examination of creative segment theory using eye movements[J]. Design Studies，35(6)：593-613.

JACUCCI G，GAMBERINI L，FREEMAN J，et al. Symbiotic Interaction[M]. Cham：Springer International Publishing，8820.

TAN Y H，NG P K，SAPTARI A，et al. ，2015. Ergonomics aspects of knob designs：A literature review[J]. Theoretical Issues in Ergonomics Science，16(1)：86-98.

TELLER A，2004. A platform for wearable physiological computing[J]. Interacting with Computers，16(5)：917-937.

TIAN Y，BIAN Y，HAN P，et al. ，2017. Physiological signal analysis for evaluating flow during playing of computer games of varying difficulty[J]. Frontiers in Psychology，8：1121.

TSENG I，MOSS J，CAGAN J，et al. ，2008. The role of timing and analogical similarity in the stimulation of idea generation in design[J]. Design Studies，29(3)：203-221.

WANG P，YANG Y，LI J，2018. Development of parkour game system using EEG control[C]//

2018 International Symposium on Computer，Consumer and Control (IS3C). IEEE：258-261.

WANG Q，MA D，CHEN H，et al. ，2020. Effects of background complexity on consumer visual processing：An eye-tracking study[J]. Journal of Business Research，111：270-280.

WARD R，2004. An analysis of facial movement tracking in ordinary human-computer interaction [J]. Interacting with Computers，16(5)：879-896.

WU X，WU Y，2018. User experience evaluation of industrial design based on brain cognitive be-havior[J]. NeuroQuantology，16(5).

XU J C，HANNA G，FONG B M，et al. ，2021. Ergonomics of endoscopic skull base surgery：A systematic review[J]. World Neurosurgery，146：150-155.

第 2 章　生理测量与评价

本章介绍生理测量与评价的主观测量评价方法与客观测量评价方法。其中，主观测量评价方法通过调查被试的主观感受进行评估分析；客观测量评价方法则通过采集被试的客观生理数据进行评估分析。主观测量数据更易获取，测试方式的局限性更小，但其结果在很大程度上依赖于个人的判断，主观性强。而基于生理信号的客观测量方法则弥补了这种不足，提供了更加客观、准确的数据。目前，大多数的研究通常会结合两种方法以获得更可靠的数据支持。

2.1　主观测量评价方法

主观测量评价方法是指使用问卷、李克特量表等，通过回答问题或打分的形式对被试进行主观感受评价。李克特量表是一种主观测量工具，其目的是对抽象的主观感受进行量化统计（根据对象特点，通过不同的计算规则对事物的特性变化进行量化），形成不同类型的测量量表（又被称为测量尺度）。本节介绍基于生理感受和心理感受两个方面的主观测评量表与方法。

2.1.1　生理感受相关量表

1. 运动疲劳度

（1）自我感知运动强度量表：该量表常用于量化肌肉疲劳实验中运动感受的吃力程度。

（2）自觉疲劳程度量表：该量表提供了一种量化做功和施力的评估标准，以自我主观感觉来评估运动强度。通常运动中的自觉强度以数字 6～20 表示，一般运动最适范围在 11～15，其中，12～14 表示运动有些吃力。

2. 舒适度

(1)通用舒适性量表：通过生理、心理、精神、社会文化环境 4 个维度的 5 点量表从主观上描述舒适性程度。

(2)局部不舒适度量表：用于评估被试不同身体部位不舒适性程度。它由 5 点等距量表表示，0 表示无不舒适性，4 表示有极度不舒适性，并针对人体 12 个不同区域分别进行评估，如图 2.1 所示。

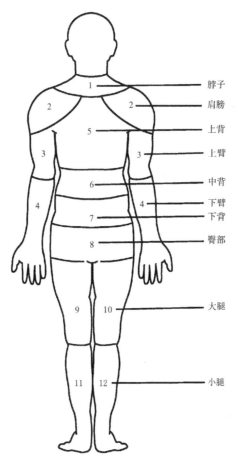

图 2.1　人体 12 个不同区域示意

(3)舒适与不舒适量表：用于评估身体不同区域与座椅接触时的舒适性程度。其评估顺序包括全身和局部的不舒适度、全身和局部的舒适度以及总体的等级评估。

3.认知负荷

（1）主观工作负荷评估技术量表：该量表包括时间负荷、努力负荷与心理紧张负荷3个类别，每个类别分成重度、中度和轻度3种强度。被试根据实际主观感受对每个类别进行评估并对这3个类别进行重要性排序，最后根据对应的得分表换算为0～100的得分。

（2）认知负荷量表：主要依据学习者对学习任务的难度与所需要的心理努力，对认知负荷的大小进行评估与报告。类似功能的量表还有主观工作负荷评估技术量表、脑力负荷评价量表等。

（3）脑力负荷评价量表：该量表从脑力、体力、时间、努力程度、业绩水平和受挫程度6个方面进行主观评价，涉及主观感受评估和权重计算分析两个部分。

2.1.2 心理感受相关量表

1.情绪评估

（1）主观评估模型：根据效价度、唤醒度2个维度或愉悦度、喜欢度和掌控度3个维度的自我评估得分，反映情感空间分布。

（2）正负性情绪自评量表：根据回忆主观体验对包含情绪描述词（如积极情感和消极情感等）的问题进行主观打分，可用于情感、幸福感的主观评估。

（3）简明心境量表：该量表通过对情绪词汇进行主观打分来评价当前或近期情绪状态。它涵盖6类情绪的40个描述词汇，从0～4分进行评估，其中0表示几乎没有，4表示非常多。

2.心理健康

（1）抑郁自评量表：该量表根据主观体验进行抑郁程度评测。整个量表包括20组问题，每个问题分为4级评分，根据评分情况能直观反映抑郁患者的主观感受及其在治疗中的变化情况。

（2）贝克抑郁自评量表：该量表根据1～2周的主观感受进行抑郁程度评测。整个量表包括21组问题，每组有4句陈述，针对每句描述进行评分。依据总分，对照评测标准判断是否有抑郁以及抑郁的程度。

主观测量的量表被广泛应用于产品设计、人机工程、心理学等领域。作为一种基于主观感受与观察数据的定性或半定量的评估方法，其数据在实验中容易获取，并有理论支撑。但主观测量易受到被试主观意图的干扰，在一定程度上会影响评估结果的准确性。

2.2　客观测量评价方法

基于生理信号的客观测量评价方法能够提供更加客观、准确的评价数据。生理信号根据来源可分为中枢神经系统信号与外周神经系统信号。常用的中枢神经系统信号主要是指脑神经活动，主要包括脑电、脑磁、功能磁共振等。外周神经系统信号的种类比较多，主要包括心电、皮肤电、皮肤温度、呼吸、眼电、肌电等。当人的心理或生理状态发生变化时，这些生理信号也会发生改变，提取生理信号的相应特征，分析生理变化规律，可推测用户的心理或生理状态。本节将介绍生理信号中常见的肌电、脑电、心电、皮肤电信号。

2.2.1　肌电信号

肌肉作为人体运动系统的重要组成部分，能够将化学能转化为机械能，人体的各种运动都或多或少与它有关。兴奋和收缩是骨骼肌最基本的机能，也是肌电信号形成的基础。肌电信号记录了不同机能状态下骨骼肌的电位变化，这种电位变化与肌肉的结构、收缩的力度及收缩时的化学变化有关。

肌电信号发源于脊髓中的 α 运动神经元，该神经元在神经支配或外界刺激作用下产生神经冲动，并沿运动单元通路直达最终效应器（肌纤维），产生运动单元动作电位，如图 2.2 所示。对于每个运动单元，肌纤维几乎是同步兴奋的，且不同的运动单元肌纤维间的兴奋相互独立，因此，肌电信号实际上是一种由多个活跃的肌纤维运动单元的动作电位在时间与空间上叠加所产生的生物电信号，如图 2.3 所示。

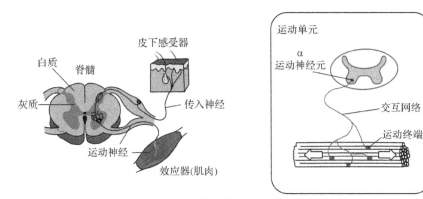

图 2.2　肌电信号产生原理

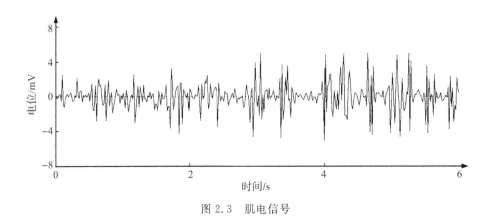

图 2.3　肌电信号

肌电信号通常有针电极检测和表面电极检测两种检测方式。针电极检测直接将细小的针电极插入肌肉内部,在肌纤维附近检测,这种肌电信号可以反映检测点处的少数肌纤维活动。由于针电极的检测面接触面积小,可以直接接触到兴奋的肌纤维,其采集到的肌电信号具有高信噪比和高可靠性的特点。针电极检测方式信号的幅度为 $10\mu V \sim 10mV$,带宽为 $2 \sim 10000Hz$,主要能量分布在 $20 \sim 4000Hz$,运动单元动作电位的时程一般在 $3 \sim 6ms$。但针电极插入会对皮肤和肌肉造成破损,往往会让用户感到不适,不宜反复多次或过长时间测量。进行针电极检测时,一般需要医生或专业护理人员参与,因此它多用于临床诊断和基础研究。表面电极检测在皮肤表面采集肌电信号,这是一种非创伤性的测量方法。表面肌电信号的有效幅值一般在 $0 \sim 5mV$,主要频谱分布在 $10 \sim 500Hz$。从人体表面采集到的肌电信号很微弱、易受干扰,尤其是共模噪声和工频干扰,测量难度比较大。表面肌电信号的影响因素见表 2.1。

表 2.1　表面肌电信号的影响因素

影响因素	内容
神经活动相关	(1)运动单元动作电压的活化率 (2)运动单元的数量 (3)运动单元活化的同步性
肌纤维生理学	肌纤维的传导速度、肌纤维的方向
肌肉解剖学	肌纤维的分布、肌纤维的直径

续表

影响因素	内容
电极尺寸和方向	(1)电极检测区域中所含的肌纤维的数量 (2)检测区域中与肌纤维相关的运动单元数 (3)电极的材质
电极-电解液界面	(1)接触面的处理 (2)随着信号频率的升高,电极阻抗的下降
双电极组和模式	电极之间的距离、电极与肌梭的方向
噪声干扰	(1)检测和记录设备中的电子元件的固有噪声 (2)任何电磁装置都能产生 50Hz 的电磁辐射 (3)皮肤和电极之间、电极和放大器之间的运动伪迹 (4)信号固有的不稳定性

随着技术的发展和神经生理学研究的推进,肌电信号技术已经被广泛应用于各个领域。在临床医学领域,肌电测试可以用作识别神经肌肉疾病的诊断工具,或用作研究运动机能学和运动控制障碍的研究工具;在人机工程领域,肌电信号可以用于疲劳、肌肉活动和工作状态的分析;在康复医学领域,肌电信号可以用于神经疾病、运动损伤后的康复等。此外,肌电信号还可以用作假肢装置(如假肢手、手臂或下肢)的控制。

2.2.2　脑电信号

大脑是人类所有器官中最复杂的,是所有神经系统的中枢。脑电信号是由脑部活动时大量神经元同步发生突触后的电位总和形成的。早在 19 世纪,英国生理学家理查德·卡顿(Richard Caton)就发现了自发的脑电活动。20 世纪 20 年代,德国著名精神病学家汉斯·博格(Hans Berger)首先成功地从人类头皮表面明确检测到脑电活动,并将脑电活动命名为脑电信号。

脑电信号依据不同电极放置的方式,可以分为头皮脑电信号、皮层脑电信号以及深部脑电信号。皮层和深部脑电图是通过植入脑内的微电极获得的,因此它具有较好的位置稳定性,并且不受肌肉活动等的影响,信噪比较高,但是由于它要植入人脑,所以对患者会具有一定的创伤性。头皮脑电信号是一种无创伤的测量方式,其电极的安置方法简单,但是由于电极位于人的头皮表面,因此得到的脑电信号幅度较弱,并存在着一定的干扰。

根据脑电波的成因,脑电信号通常可分为自发性脑电信号和诱发性脑电信号。自发性脑电信号是指不依靠外界刺激的人的大脑皮层自发产生的脑电波。在安静状态下,通过放置在头皮的电极即可采集到持续的、有节律性的电位变化,把这种点位变化记录下来便是自发性脑电信号。自发性脑电信号的波形很不规则,通常按照不同的频率进行分类。目前,研究发现的脑电信号常用频段有 $\Delta(1.5\sim4\,Hz)$、$\theta(4\sim8\,Hz)$、$\alpha(8\sim12\,Hz)$、$\beta(12\sim30\,Hz)$、$\gamma(30\sim80\,Hz)$,表 2.2 展示了不同频率范围对应的不同意识特征和具体表现。

表 2.2　脑电频段分布表

脑电频段	频率范围/Hz	特征	具体表现
Δ	1.5～4	无意识层面,是第六感的来源	表现在睡眠过程时
θ	4～8	潜意识层面,具有记忆、直觉和情绪,是创造力和灵感的来源	表现在深睡做梦、深度冥想时
α	8～12	意识与潜意识层面,是想象力的来源	表现在身体放松、开放心胸的情绪时
β	12～30	意识层面,是逻辑思考、计算、推理时会出现的波	表现在压力、紧张、忧虑情绪时
γ	30～80	意识层面,涉及较高等级的处理任务和认知功能	表现在兴奋等情绪时

诱发性脑电信号可以分为非特异性诱发电位与特异性诱发电位,通过对被试施以某种规律的外界刺激(如声音、光、图像等),在人脑相应部位诱发一种电信号。非特异性诱发电位在临床定义上没有什么特殊含义,特异性诱发电位则是指在受到刺激并经历一定的潜伏期后,在大脑皮层特定区域出现的生物电信号,它和时间有严格的关系。

脑电信号作为一种时变的非平稳信号,在不同时刻有着不同的频率分量,其节律也会随着被试精神状态的变化而发生变化。因此,脑电信号是一种随机性很强的生物电信号,其主要有以下几个特点。

(1)微弱性。临床所记录的生物信号都是非常微弱的,一般的脑电信号只有 $50\mu V$ 左右,超过 $100\mu V$ 即可看作噪声。脑电信号属于低频慢变信号,频率一般在 $0.5\sim70\,Hz$,脑电波频率主要在 $0.5\sim30\,Hz$。

(2)随机性与非平稳性。随机性是由于影响脑电的因素太多,而规律又尚未被认识。非平稳性则是因为产生脑电的生理因素在不断变化,对外界的影响会产生一定的自适应能力。

（3）非线性。包括脑电在内的生物电信号都与生物组织的自适应能力及调节能力有关,所以非线性也是脑电信号的一个特点。近年来,脑电信号的非线性动力学混沌理论在逐渐发展,在脑电信号处理中有着极其重要的地位,这些方法正是建立在脑电的非线性这一特征基础上。

（4）噪声强。生物信号中存在着很强的背景噪声,主要有尖脉冲、工频干扰、白噪声等。同时,脑电信号具有很高的敏感性,混杂了大量的肌电、心电、眼动干扰等。

（5）个体差异。脑电信号作为客观反映大脑机能状态的一个重要方面,和年龄密切相关,具有很大的个体差异性。

（6）成分复杂。自发脑电信号的节律多种多样,具有不同的划分标准,并且还有一些成分目前还不能给出明确的物理含义。

因此,在对脑电信号分析前需要对其进行预处理,去除信号中的噪声。由于脑电是一种时变、不平稳的信号,对它进行分析时也要从多方面考虑,选择合适的方法。从大量无规律、复杂的脑电信号中提取有用的特征是脑电分析领域的难点,也是国内外学者研究的热点。

2.2.3　心电信号

心脏在人的整个生命周期中不停地将血液送到身体各处,完成体内各种物质的输送。心脏的生理机能以生物电活动为基础,在生物电信号的作用下,心脏进行有规律的收缩运动。心脏每一次收缩和舒张称为一个心动周期,当我们使用体表电极采集到心脏每个心动周期产生的有规律的生物电变化信号后,就得到了心电信号。该信号记录了心脏周期性生理活动,并以电位变化曲线呈现出来,一个典型的无干扰心电信号如图 2.4 所示。

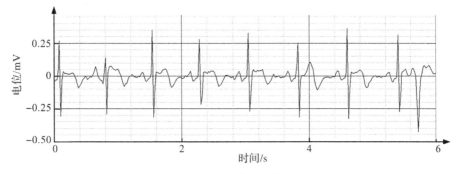

图 2.4　无干扰心电信号

一个完整的心电波形由 P 波、QRS 波、T 波和 U 波组成,U 波出现在 T 波之后,振幅非常小、不易观察,截至目前,U 波的产生机制尚不清楚,因此对其讨论较少。各个波段的生理意义如表 2.3 所示。

表 2.3 心电波段的生理意义

心电波段	波段时间/s	生理意义
P 波	<0.11	P 波是最早出现的一个低振幅的波形,反映了左右心房的去极化过程;前半段的上升期表示心房的兴奋过程,即去极化的开始,而后半段的下降期表示去极化的结束;心脏各部位暂时没有显著的电位差
P-R 间期	0.12~0.20	从 P 波起始位置到 QRS 波起始位置,表示心房去极化到心室去极化这一时间段
QRS 波	0.06~0.10(成人) 0.04~0.08(儿童)	QRS 波是整个 ECG 信号中最易观察到的波段,反映了左右心室的去极化过程,心脏跳动导致兴奋不同步,所以整个 QRS 波实际上是由 Q 波、R 波和 S 波三个波段合成的
S-T 间期	—	S-T 间期的范围从 QRS 波的终点到 T 波的初始点,间期相对较长,幅度变化相对缓慢
T 波	—	T 波反映的是心室的复极化过程,幅度相对比较低,但是持续时间比较长,比较容易被观察到

2.2.4 眼动信号

眼动有注视、扫视和追随 3 种基本运动方式。眼动可以反映视觉信息的选择模式,对揭示认知加工的心理机制具有重要的意义。常用的眼动指标包括:注视点轨迹、眼动时间、瞳孔扩张和眨眼等。眼动的时空特征是视觉信息提取过程中的生理和行为表现,它与人的心理活动有着直接或间接的关系,这也是许多心理学家致力于眼动研究的原因。当前,最常用于采集眼动信号的方法主要有 5 种,如表 2.4 所示。

表 2.4　眼动信号采集主要方法

方法	应用场合	技术特点	参考系
眼动信号法	眼动力学	高带宽、精度低、对人干扰大	头具
瞳孔-角膜反射向量法	注视点	准确、头具误差小、干扰小、低带宽	头具或室内
虹膜-巩膜边缘法	眼动力学、注视点	垂直精度低、干扰大、头具误差大	头具
角膜反射法	眼动力学、注视点	高带宽、头具误差大	头具
双普金野象法	眼动力学、注视点、网膜图像	高精度、高带宽、对人干扰大	室内

眼动信号采集中最常用的技术是瞳孔-角膜反射技术（pupillary corneal reflex，PCR）。该技术的基本理念是使用光源对眼睛进行照射，使其产生明显的反射，并通过摄像机采集带有这些反射效果的眼睛图像。然后利用采集到的这些图像识别光源在角膜（闪烁）和瞳孔上的反射，通过角膜与瞳孔反射之间的角度计算眼动的向量，然后将此向量的方向与其他反射的几何特征结合，计算出视线的方向。

2.2.5　皮肤电信号

皮肤电信号是指具有心理意义的"皮肤中的电现象"，是通过情绪变化唤起的心理生理指标。当经历刺激时，外分泌汗腺会产生汗水，这是电流的有效导体，会导致皮肤的电特性改变。刺激越大，分泌的汗水就越多，皮肤的电学特性变化也就越大。皮肤电指标包括测量皮肤的电导率、电阻、阻抗或导纳。一个皮肤电信号由皮肤电水平（skin conductance level，SCL）和皮肤电反应（skin conductance response，SCR）两部分组成。皮肤电水平是指跨越皮肤两点的皮肤电导绝对值。皮肤电水平反映了一个人在无刺激状态下，由肢体活动等因素造成的皮肤电导变化，其在几十秒至几分钟内变化缓慢、更新微小。皮肤电水平的上升与下降随着个体的反应、皮肤干燥程度或自主调节能力的不同而持续变化。皮肤电基础水平存在个体差异，并与个性特征相关。皮肤电反应是指在皮肤电水平中出现的一个瞬时、较快的波动，反映了皮肤电由于刺激原因产生的变化。皮肤电反应在基础水平之上，变化幅度更高、速度更快。皮肤电反应对特定的情绪刺激事件敏感，事件相关皮肤电导反应（event related SCR，ER-SCR）会在情绪刺激发生后的 $1\sim5s$ 突变；非特异性皮肤电导反应（nonspecific skin SCR，NS-SCR）则在人体内以 $1\sim3$ 次/min 的速率自发发生，与任何刺激无关的皮肤电都可作为交感神经活动的间接指标，也可以用作评价情绪唤起水平和某些心理活动的指标。不同被试存在个体差异，即使同一被试，在同样状态下采集到的皮肤电也不会完全相同。影响皮肤电基础水平因素主要有 3 个，如表 2.5 所示。

表 2.5　皮肤电基础水平影响因素

影响因素	说明
唤醒水平	与人体工作效率的规律类似，皮肤电水平在早晨较低，中午达到较活跃状态，晚上有所降低；处于身体健康，精神放松的情况下采集到被唤起的皮肤电最准确
活动	皮肤电与被试的活动密切相关：当被试集中精力准备某项任务时，皮肤电水平会随精力的集中程度逐渐上升，在活动过程中，皮肤电水平将相应升高到一个较高水平；而一段时间后，无论精神是否集中，皮肤电都会呈现下降的趋势，这也称之为皮肤电的疲劳反应；休息时，皮肤电水平降低；如果长时间从事某项难度不大的工作，那么皮肤电水平会缓慢下降，但对于从事难度较大的工作，变化不明显
温度	温度会影响人体的汗液分泌，因此也会对皮肤电信号产生影响：当温度很高时，身体需要散热，皮肤出汗，电水平升高；当温度较低时，身体需要保存热能，身体汗液少，皮肤电水平低

人体皮肤电信号的有效频率在 $0.02\sim0.2Hz$，为了能够最清晰地提取皮肤电数据，需要进行一系列的去干扰预处理过程。每次情感刺激产生时，都会发生 1 次皮肤电反应，所以时域所使用的特征主要是皮肤电反应的相关特征。

2.2.6　呼吸信号

呼吸是人体有规律地吸入空气与肺部空气进行交换的过程，是人体维持生理特征的最基本需求。呼吸信号的测量是指记录胸腔在呼吸过程中的起伏状态，并将这种物理行为通过电信号描述的过程。呼吸信号的波形如图 2.5 所示，1 个周期的呼吸信号可以大致分为呼气、呼气末、吸气和不规则状态 4 个阶段。

呼吸信号所包含的指标较多，主要有呼吸频率、呼吸幅度、呼吸节律等，其中呼吸频率和呼吸幅度是呼吸作用的 2 个关键参数，蕴含着大量的内在生理信息。呼吸频率是指单位时间内发生 1 次完整呼吸行为的次数。平和安静状态下的呼吸频

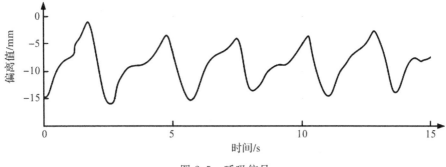

图 2.5　呼吸信号

率,正常成年人为 16~20 次/min,且女性较男性稍快;呼吸幅度是指呼吸过程中胸腔产生收缩和舒张的物理范围,休息和放松会使呼吸更慢、更浅,情绪激动和身体活动会产生更深层次的呼吸。由于呼吸信号采集方便,且使用起来非常简单,因此对呼吸作用的监控性价比非常高,由此可以获取更多深入的生理信息。但需要注意的是,许多外界环境或内在的因素都会对呼吸信号的变化造成较大程度的影响,如外界气温的改变或人体运动量的增加,因此在对呼吸信号进行采集的过程中需要注意控制环境变量和被试的状态。

2.3　生理信号采集

本节主要介绍实验过程中生理信号采集的实验设计、注意事项及多种生理信号采集系统。测量并采集生理信号是实验中客观测量评价方法的主要形式。生理信号(这里主要是电信号)变化反馈了身体机能的变化,如大脑活动、肌肉活动、皮肤温度、汗液分泌等。本节从实验设计以及设备的使用描述了生理信号采集的过程。

2.3.1　生理信号采集的实验设计

完整的生理信号采集处理过程包括实验准备、生理信号采集及生理信号数据处理三个主要步骤。

(1)实验准备。实验准备阶段,首先要明确实验目的和实验假设,然后选择合适的实验方式,包括实验素材的选择、实验被试的选择(如男女比例、年龄结构、被试数量等)、实验环境要求、实验流程设计、对照组设置等。同时,可并通过预实验验证实验流程的合理性。

（2）生理信号采集。这一步的重点是根据预设的实验流程,严格确保实验数据的真实性和有效性。信号采集过程中,需要了解实验设备的使用方式、熟悉实验操作流程、记录完整实验数据等。

在生理信号采集的实验中,一般设备的使用过程会涉及硬件设备间的连接方式、不同生理信号在采集时的导联方式（如心电实验中可能用到肢体导联、胸部三导联、标准十二导联等多种导联方式）、采集过程中测量部位的选择（如脑电中不同的电极通道、肌电中不同部位肌肉的选择）等问题。在正式实验过程中,需要注意严格按照实验设计进行实验,控制合适的实验时长。多组实验应设置合适的间隙,以控制变量与缓解被试疲劳。记录数据时,要根据不同的生理信号采用不同的采集软件,完整记录相应格式的原始数据。

（3）生理信号数据处理。实验结果数据可能包含主观评估数据和客观的生理数据。生理信号（客观）的处理过程一般包括数据的预处理、特征提取、统计分析等。

主观数据可以根据不同量表要求进行统计,并选择不同的检验方法（如用 p 检验进行显著性检验）验证结果是否存在显著性差异。生理信号数据一般需要先进行预处理（过程中根据采集设备和文件格式的不同需要选择对应的处理软件）,包括滤波（初步筛选合适的信号频率段）、重采样（节省数据空间,对滤波效果也会产生一定影响）等操作,去除原始信号中的噪声干扰获得干净信号。然后,再从信号中提取需要进行分析的特征值（不同生理信号有各自的特征指标,也可以通过深度学习等方法提取相对抽象的深度特征）,比较分析这些特征值得出实验结果。最后,根据主、客观实验结果进行讨论,验证实验的目的是否达到、假设是否成立,并与他人的研究成果进行比较分析。

2.3.2 生理信号采集系统

生理信号采集系统是生理计算、生理心理学、情感计算等领域必备的数据采集工具。本节根据不同的生理信号介绍三种常用的生理信号采集系统及其基本的使用方法。

1. BIOPAC MP150 多导生理信号采集系统

BIOPAC 硬件平台与 AcqKnowledge 软件为研究人员提供了多导生理信号模块化数据采集和分析功能,完整的模块系统适用于心电图、胃电图、微电极、无创血压和电生物阻抗（心脏输出）等信号的采集,功能强大的自动化分析模块可用于心电信号、心率、脑电信号、肌电信号、皮肤电信号等数据的处理。

MP150 系列生理信号放大器模块具有单通道、差分输入、可调节的增益补偿性放大等功能特性,能够放大、选择和调节信号。BIOPAC MP150 多导生理信号采集系统如图 2.6 所示。

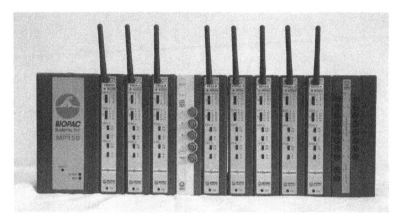

图 2.6　BIOPAC MP150 多导生理信号采集系统

AcqKnowledge 4.2 软件的界面如图 2.7 所示。该软件配合 BIOPAC MP150 多导生理信号采集系统使用,具有处理多种类型数据以及特征提取功能模块,可用于分析心电信号数据、脑电信号数据、皮肤电信号数据、肌电信号数据、呼吸信号数据等。

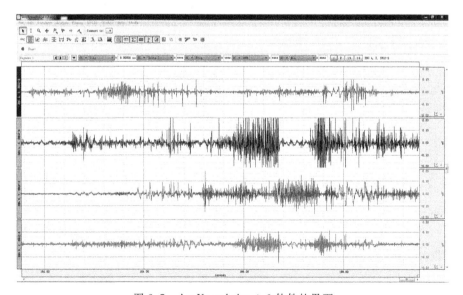

图 2.7　AcqKnowledge 4.2 软件的界面

不同的生理信号采集模块如图 2.8 所示,它包含了心电放大器模块(ECG100C)、肌电放大器模块(EMG100C)、皮肤电活动放大器模块(GSR100C)、呼吸信号放大器模块(RSP100C)等传感器。

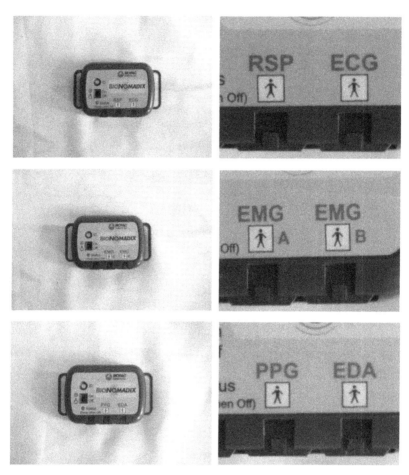

图 2.8　BIOPAC MP150 多导生理信号采集系统的生理信号采集模块

2. Biosemi 脑电采集系统

Biosemi Active 2 脑电系统采用主动电极技术、直流模式采集脑电信号,具有 24bit 分辨率。Biosemi Active 2 产品可进行 16/32/64/128/256 通道同步采集,另外提供 8 通道双极导联用于采集 EXG 信号(如心电信号,肌电信号等),以满足多信号同步采集的科研需求。Biosemi Active 2 脑电系统包括电源、AD 转换器、信号接收器、有源电极和电极帽,如图 2.9 所示。

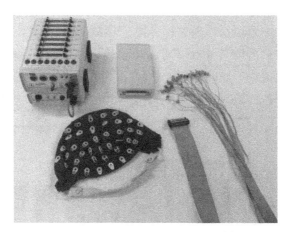

图 2.9　Biosemi Active 2 脑电采集系统

Acti View 作为 Biosemi Active 2 脑电系统的配套软件(见图 2.10),可用于脑电的采集、查看以及初步的处理工作。该软件输出的数据类型支持多种第三方工具软件,常用的有 Fieldtrip、OpenViBE、EEGLAB 等。

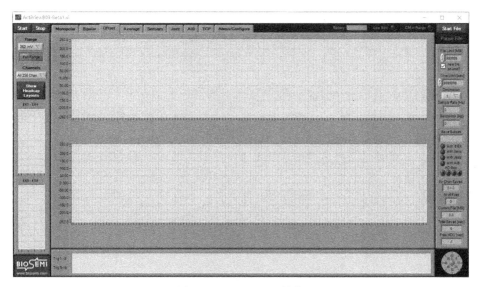

图 2.10　Acti View 软件

3. Tobii 眼动仪

Tobii 眼动仪(见图 2.11)通过追踪眼动,获得第一注视点、注视点的分布、注视时间、注视的顺序等数据,对心理和行为进行观察评估。新一代 Tobii 眼动仪提供了领先的非接触式眼动追踪解决方案,不需要任何头戴装置或头托,也不需要外置的眼动摄像机就能与显示器完美地融为一体,使眼动测试得以在完全轻松自然的状态下完成。Tobii 眼动仪利用机器视觉技术捕捉瞳孔位置,然后利用算法计算获得用户在固定界面的视觉落点,记录实验过程中被试眼动轨迹的变化以及聚焦的热点。

图 2.11　Tobii 眼动仪

2.4　本章小结

目前的研究通常会结合主观测量与客观测量两种方法进行生理评估,以获得更加客观且有效的数据。本章进一步介绍了客观测量中常见的六类生理信号及获取这些生理信号的采集系统,初步了解了生理信号的采集方法与实验流程。

参考文献

程皓,周丽丽,杜寅福,2021.脑电信号采集与处理研究[J].黑龙江科学,12(22):14-17.

韩颖,董玉琦,毕景刚,2018.学习分析中情绪的生理数据表征——皮肤电反应的应用前瞻[J].现代教育技术,28(10):12-19.

贺庆,郝思聪,司娟宁,等,2020.面向脑机接口的脑电采集设备硬件系统综述[J].中国生物医学工程学报,39(6):747-758.

雷东威,陈彬,雷静桃,2021.穿戴式外骨骼机器人肌电信号采集与处理[J].计量与测试技术,48(12):11-15.

牛洁,2013.注意力相关脑电的特征提取及分类方法研究[D].西安:西安电子科技大学.

彭毅,2016.眼动信号的提取与分类识别研究[D].上海:上海师范大学.

邱青菊,2009.表面肌电信号的特征提取与模式分类研究[D].上海:上海交通大学.

张乐凯,2018.基于生理信号数据的产品设计与用户体验研究[D].杭州:浙江大学.

张丽川,李宏汀,葛列众,2009.Tobii 眼动仪在人机交互中的应用[J].人类工效学,15(2):67-69,39.

张优劲,2018.便携式多模生理信号采集系统设计与制作[D].成都:电子科技大学.

郑声涛,2014.睡眠脑电的分析与应用研究[D].广州:广东工业大学.

ACAR G,OZTURK O,GOLPARVAR A J,et al.,2019. Wearable and flexible textile electrodes for biopotential signal monitoring: A review[J]. Electronics,8(5):479.

ELSAYED N, SAAD Z, BAYOUMI M,2017. Brain computer interface: EEG signal preprocessing issues and solutions[J]. International Journal of Computer Applications,169(3):12-16.

FAUST O, HAGIWARA Y, HONG T J, et al.,2018. Deep learning for healthcare applications based on physiological signals: A review[J]. Computer Methods and Programs in Biomedicine,161:1-13.

FORTIN-COTE A, BEAUDIN-GAGNON N, Campeau-Lecours A, et al.,2016. Affective computing out-of-the-lab: The cost of low cost[C]//2019 IEEE International Conference on Systems, Man and Cybernetics (SMC). Bari, Italy: IEEE:4137-4142.

GIBALDI A, VANEGAS M, BEX P J, et al.,2017. Evaluation of the Tobii EyeX Eye tracking controller and MATLAB toolkit for research[J]. Behavior Research Methods,49(3):923-946.

GRECO A, VALENZA G, CITI L, et al.,2017. Arousal and valence recognition of affective sounds based on electrodermal activity[J]. IEEE Sensors Journal,17(3):716-725.

HASSANI S, BAFADEL I, BEKHATRO A, et al.,2018. Physiological signal-based emotion recognition system[C]//2017 4th IEEE International Conference on Engineering Technologies and Applied Sciences (ICETAS). Salmabad: IEEE:1-5.

JIANG Y, SAMUEL O, LIU X, et al.,2018. Effective biopotential signal acquisition: Comparison of different shielded drive technologies[J]. Applied Sciences,8(2):276.

KAM J W Y, GRIFFIN S, SHEN A, et al.,2019. Systematic comparison between a wireless EEG system with dry electrodes and a wired EEG system with wet electrodes[J]. NeuroImage,184:119-129.

LI D, GE X,2019. Design of emotional physiological signal acquisition system[G]//WANG S X. Current Trends in Computer Science and Mechanical Automation Vol. 2. De Gruyter Open:18-25.

LIU S, ZHU M, LIU X, et al.,2019. Flexible noncontact electrodes for comfortable monitoring of physiological signals[J]. International Journal of Adaptive Control and Signal Processing,33(8):1307-1318.

MATTHEWS G, DE WINTER J, HANCOCK P A,2020. What do subjective workload scales really measure? Operational and representational solutions to divergence of workload measures [J]. Theoretical Issues in Ergonomics Science,21(4):369-396.

NACPIL E J C, WANG Z, NAKANO K,2021. Application of physiological sensors for personalization in semi-autonomous driving: A review [J]. IEEE Sensors Journal, 21 (18): 19662-19674.

NORDIN A D, HAIRSTON W D, FERRIS D P,2018. Dual-electrode motion artifact cancellation for mobile electroencephalography[J]. Journal of Neural Engineering,15(5):056024.

ORQUIN J L, HOLMQVIST K,2018. Threats to the validity of eye-movement research in psychology[J]. Behavior Research Methods,50(4):1645-1656.

ROBBINS K, SU K, HAIRSTON W D,2018. An 18-subject EEG data collection using a visual-oddball task, designed for benchmarking algorithms and headset performance comparisons[J]. Data in Brief,16:227-230.

THOMAS K P, VINOD A P,2017. Toward EEG-based biometric systems: The great potential of brain-wave-based biometrics[J]. IEEE Systems, Man, and Cybernetics Magazine,3(4): 6-15.

TORESANO L O H Z, WIJAYA S K, PRAWITO, et al. ,2020. Data acquisition system of 16-channel EEG based on ATSAM3X8E ARM Cortex-M3 32-bit microcontroller and ADS1299 [C]//Depok, Jawa Barat, Indonesia:30149.

VALENTIN O, DUCHARME M, CRETOT-RICHERT G, et al. ,2018. Validation and benchmarking of a wearable eeg acquisition platform for real-world applications[J]. IEEE Transactions on Biomedical Circuits and Systems,1:1.

VO T T, NGUYEN N P, VO VAN T,2019. WEEGEE: Wireless 8-channel eeg recording device[G]//VO VAN T, NGUYEN LE T A, NGUYEN DUC T. 6th International Conference on the Development of Biomedical Engineering in Vietnam(BME6). Singapore: Springer Singapore,63:621-625.

WANG C, GUO J,2019. A data-driven framework for learners' cognitive load detection using ECG-PPG physiological feature fusion and XGBoost classification[J]. Procedia Computer Science,147:338-348.

WANG J, LI J, JIN Z, et al. ,2021. Design of portable physiological data detection system[C]// 2021 2nd International Conference on Artificial Intelligence and Information Systems. Chongqing, China: ACM:1-6.

WARD R T, SMITH S L, KRAUS B T, et al. ,2018. Alpha band frequency differences between low-trait and high-trait anxious individuals[J]. Neuro Report,29(2):79-83.

WASIMUDDIN M, ELLEITHY K, ABUZNEID A-S, et al. , 2020. Stages-based ecg signal analysis from traditional signal processing to machine learning approaches: A survey[J]. IEEE

Access,8:177782-177803.

WILLIAMS N,2017. The borg rating of perceived exertion (RPE) scale[J]. Occupational Medicine,67(5):404-405.

WU W H, BATALIN M A, AU L K, et al. ,2007. Context-aware sensing of physiological signals[C]//2007 29th Annual International Conference of the IEEE Engineering in Medicine and Biology Society. Lyon, France: IEEE:5271-5275.

YONG P K, WEI HO E T,2016. Streaming brain and physiological signal acquisition system for IoT neuroscience application[C]//2016 IEEE EMBS Conference on Biomedical Engineering and Sciences (IECBES). Kuala Lumpur: IEEE:752-757.

YOUNG L R, SHEENA D,1975. Survey of eye movement recording methods[J]. Behavior Research Methods & Instrumentation,7(5):397-429.

YU M, ZHANG D, ZHANG G, et al. ,2019. A review of EEG features for emotion recognition [J]. Scientia Sinica Informationis,49(9):1097-1118.

ZHAN Z, LIN R, TRAN V-T, et al. ,2017. Paper/Carbon nanotube-based wearable pressure sensor for physiological signal acquisition and soft robotic skin[J]. ACS Applied Materials & Interfaces,9(43):37921-37928.

第3章 生理信号特征提取

本章介绍生理信号处理过程中的特征提取。按照特征提取的方式,特征可以分为浅层特征与深层特征。浅层特征包含时域特征、频域特征及其他非线性特征等,这类特征通过对数据进行手动构造获得,能更加直观地反映信号特征。深层特征则是通过一系列的深度学习框架,如卷积神经网络(convolutional neural networks,CNN)、循环神经网络(recurrent neural network, RNN)等,提取获得的更深层次的信号特征,能反映生理信号所代表的更加复杂的特性,将在下一章结合识别模型进行介绍。本章主要对生理信号的浅层特征(时域分析与频域分析)与特征选择方法进行说明。

3.1 生理特征

3.1.1 时域特征

时域分析反映信号振幅在时间维度上的变化,是特征提取中最直接的一种方式。常见的时域特征包括最大值、最小值、峰-峰值、平均值、方根幅值、方差、标准差和有效值等,如表 3.1 所示。

表 3.1 常见的时域特征

信号特征	表达式	信号特征	表达式
最大值	$\text{Max}(X_i)$	方根幅值	$\left(\dfrac{1}{N}\sqrt{\sum\limits_{i=1}^{N} \mid X_i \mid}\right)^2$
最小值	$\text{Min}(X_i)$	方差	$\dfrac{1}{N-1}\sum\limits_{i=1}^{N}(X_i - \bar{X})^2$
峰-峰值	$\text{Max}[\text{Max}(X_i) - \text{Min}(X_i)]$	标准差	$\sqrt{\dfrac{1}{N}\sum\limits_{i=1}^{N}(X_i - M)^2}$
平均值	$\dfrac{1}{N}\sum\limits_{i=1}^{N}X_i$	有效值	$\sqrt{\dfrac{1}{N}\sum\limits_{i=1}^{N}X_i^2}$

注:X_i 为信号序列,N 为采样点,$\bar{X}$ 为平均值,M 为平均值。

1. 肌电信号

肌电信号属于非线性时变电信号,可以看作是符合高斯分布的随机信号。在对肌电信号进行去伪迹、滤波等预处理操作后,可根据信号的特性在时间维度上进行常规的数据统计运算,所得到的结果即为信号的时域特征。常用的时域特征包括积分肌电值(反映一定时间内肌肉和运动单元的放电总量)、均方根肌电值(表面肌电信号在一定时间内的集中程度)、均方差、标准差、最大值、对称性、平均绝对值和过零次数,如表 3.2 所示。

表 3.2　肌电信号的时域特征

信号特征	表达式或解释	信号特征	表达式或解释
积分肌电值	$\int_{N_2}^{N_1} X(t)\,\mathrm{d}t$	最大值	$\mathrm{Max}(X_i)$
均方根肌电值	$\sqrt{\dfrac{1}{N}\sum\limits_{i=1}^{N} X_i^2}$	对称性	$\dfrac{\sum\limits_{i=1}^{N} X_i}{N}$
均方差	$\dfrac{1}{N}\sum\limits_{i=1}^{N}(X_i-M)^2$	平均绝对值	$\dfrac{1}{N}\sum\limits_{i=1}^{N}\lvert X_i\rvert$
标准差	$\sqrt{\dfrac{1}{N}\sum\limits_{i=1}^{N}(X_i-M)^2}$	过零次数	信号通过零点的次数

注:X_i 为信号序列,N 为采样点,M 为平均值。

2. 脑电信号

脑电信号的时域分析多为提取脑电的波形特征,如波的波幅、波形持续时间等。时域分析的优点在于时域波形中包含了脑电信号的全部信息,具有直观性强、物理意义明确的特点。脑电信号中常用的时域分析方法有过零点分析、方差分析、相关性分析、直方图分析、峰值检测等,如表 3.3 所示。

表 3.3　脑电信号的时域特征

信号特征	表达式或解释
过零点分析	$s(t)=\sum\limits_{m=-M}^{M} c_m e^{jm\omega_0 t}$
方差分析	$s^2=\dfrac{\sum\limits_{i=1}^{n}(x_i-x)^2}{n}$
相关性分析	自相关:$R(t_1,t_2)=E[x(t_1)\cdot x(t_2)]$;互相关:$R(t_1,t_2)=E[x(t_1)\cdot y(t_2)]$
直方图分析	连续变量的概率分布估计
峰值检测	$S_i=\dfrac{X_i-\mathrm{mean}(X)}{\mathrm{std}(X)}$

注:$s(t)$ 为有限带宽的实信号,ω_0 为角频率,t 为时间,$M=WT$,W 为带宽,$\mathrm{mean}(X)$ 为 X 的均值,$\mathrm{std}(X)$ 为 X 的标准差。

3. 心电信号

心电信号的特征分析主要涉及心率波动性(heart rate variability，HRV)，即两次相邻心脏搏动周期(R-R间期)之间存在的微小差异。心率波动性的时域特征提取是指从心电信号生成的R-R间期序列中计算反映R-R间期序列波动性的统计特征。心率波动性的时域特征包括总体标准差、总体均值、均值标准差、标准差均值、差值均方根、心率变异指数和三角指数等，如表3.4所示。

表3.4 心率波动性时域特征及其定义

时域特征	解释
总体标准差	24h内正常R-R间期的标准差
总体均值	24h内心动周期的平均值
均值标准差	5min内平均心动周期的标准差
标准差均值	每5min心率波动性的平均值
差值均方根	相邻R-R间期差的均方根
心率变异指数	由R-R间期直方图近似得到的三角形底边长度
三角指数	R-R间期总个数与R-R间期直方图高度的比值

4. 皮肤电信号

人体皮肤电信号的有效频率在0.02~0.2Hz。通过统计学方法获得的皮肤电时域特征包括均值、中值、标准差、最大值和最小值等。为了能够最清晰地提取皮肤电数据，需要进行一系列的去干扰和检点的预处理。皮肤电信号与情感变化联系紧密。每次受到情感刺激时，都会伴随一次皮肤电反应，其相关特征也属于时域特征。皮肤电的时域特征如表3.5所示。

表3.5 皮肤电的时域特征

特征获取方法	时域特征	表达式或解释
统计学方法	均值	$\frac{1}{N}\sum_{i=1}^{N}X_i$
	中值	每组数据的中间数
	标准差	$\sqrt{\frac{1}{N}\sum_{i=1}^{N}(X_i-M)^2}$
	最大值	$\mathrm{Max}(X_i)$
	最小值	$\mathrm{Min}(X_i)$

特征获取方法	时域特征	表达式或解释
SCR 相关特征	一段时间内 SCR 的产生次数	N
	SCR 的平均幅度	$\frac{1}{N}\sum_{i=1}^{N} X_{SCR}$
	SCR 的平均持续时间	T
	SCR 的最大幅度	$\text{Max}(X_{SCR})$
	SCR 的最小幅度	$\text{Min}(X_{SCR})$

注:X_i 为信号序列,N 为信号长度,M 为平均值。

5. 呼吸信号

呼吸信号的时域特征主要包括呼气段特征、吸气段特征、波峰变异性特征、波谷变异性特征。呼气段特征和吸气段特征的提取方式相似,主要提取呼气段和吸气段的波形特征;波峰变异性特征和波谷变异性特征提取方式相似,分别找到呼吸信号的波峰和波谷计算时间间隔,采用心电心率波动性的特征提取方式进行提取。

6. 眼动信号

眼动特征主要分为注视、扫视、瞳孔扩张和扫视路径四种类型。注视是指眼睛在某个特定的点停留一段时间,注视特征中需要了解被试的兴趣区域(area of interest,AOI);扫视是指眼睛在注视点之间快速移动或延续;瞳孔扩张主要用于揭示用户浏览内容时的兴奋或兴趣程度;扫视路径是指眼睛在注视点之间快速移动形成的轨迹。主要研究指标及其相应的变量解释如表 3.6 所示。

表 3.6　眼动特征时域特征指标

眼动特征	信号特征	解释
注视	注视点个数	每个被试在 AOI 区域内的注视点个数
	平均注视点个数	所有被试在 AOI 区域的注视点个数的平均值
	总注视时长	被试在 AOI 内的注视时间总长度,长度的计算方式为:兴趣区内每个注视点的持续时间与每两点之间眼跳的时间之和
	平均注视时长	每个被试在每个 AOI 内的注视时间长度
	首次进入前注视点个数	参与者首次注视 AOI 区域之前的所有注视点个数

眼动特征	信号特征	解释
注视	首次进入用时	每个被试从实验开始到第一个注视点进入 AOI 所用的时间
	注视点访问次数	被试在选择目标之前访问注视该目标的次数
	注视位置	被试在 AOI 区域内注视的空间位置,用二维坐标表示
	注视序列	注视点出现的顺序
扫视	扫视频度	被试扫视的频数
	扫视时长	被试扫视时长
	平均向前扫视长度	被试从左到右扫视时的长度
瞳孔扩张	平均归一化右瞳孔直径	可以用于测量被试的精神压力状况,当被试在某件事中需要集中所有精力时,他的精神压力就很高,完成任务的表现可能较差
	平均归一化左瞳孔直径	瞳孔扩张可以反映被试的情绪变化,如果看到感兴趣的或者兴奋的区域,瞳孔会扩张
	平均右瞳孔扩张速度	被试所有注视点按照出现的先后顺序连接而成的路径
	平均左瞳孔扩张速度	每个被试在 AOI 区域内的注视点个数
扫视路径	眼睛路径序列	所有被试在 AOI 区域的注视点个数的平均值

3.1.2　频域特征

对信号进行时域分析时,有时一些信号的时域参数会相同,但并不能说明这些信号完全相同。因为信号不仅会随时间变化,还与频率、相位等信息有关,故需要进一步分析信号的频率结构,并在频率域中对信号进行描述。动态信号从时间域变换到频率域主要通过傅里叶级数和傅里叶变换实现。常见的频域特征包括平均功率频率(mean power frequency,MPF)、中值频率(median frequency,MF)、峰值功率(peak power frequency,PPF)等,从频率的维度上分析信号的变化与特征。基于快速傅里叶变换(fast Fourier transform,FFT)的频域分析方法,具体计算过程如下:

$$A(x) = \sum_{i=0}^{n-1} a_i x^i = a_0 + a_1 x + a_2 x^2 + \cdots + a_{n-1} x^{n-1} \tag{3.1}$$

按 $A(x)$ 下标的奇偶性把 $A(x)$ 分成两部分：

$$A(x) = (a_0 + a_2 x^2 + \cdots + a_{n-2} x^{n-2}) + (a_1 x + a_3 x^3 + \cdots + a_{n-1} x^{n-1}) \quad (3.2)$$

提取奇数项的公因数 x：

$$A(x) = (a_0 + a_2 x^2 + \cdots + a_{n-2} x^{n-2}) + x(a_1 + a_3 x^2 + \cdots + a_{n-1} x^{n-2}) \quad (3.3)$$

设立两个多项式 $A_1(x)$ 和 $A_2(x)$：

$$A_1(x) = a_0 + a_2 x^1 + a_2 x^2 + \cdots + a_{n-2} x^{n/2-1} \quad (3.4)$$

$$A_2(x) = a_1 + a_3 x^1 + a_5 x^2 + \cdots + a_{n-1} x^{n/2-1} \quad (3.5)$$

则 $A(x)$ 可以表示为：

$$A(x) = A_1(x^2) + x A_2(x^2) \quad (3.6)$$

那么只需要求 $A_1(x)$ 和 $A_2(x)$ 的值即可获得 $A(x)$。依次类推，$A_1(x)$ 和 $A_2(x)$ 可以采用相同的方法进行分解，递归多次后直到多项式仅剩一个常数项，其时间复杂度为 $O(n \log_2 n)$。

1. 肌电信号

肌电信号频域分析具有较强的稳定性，可以规避在时域分析中进行统计学特征提取时不能去除的噪声干扰。先将表面肌电信号转化为频域信号，然后对频域信号进行分析，通常采用功率谱估计方法。常用的频域指标有平均功率频率、中值频率、峰值功率等。频域分析指标能够很好地反映人体肌肉疲劳程度。肌电的频域特征如表 3.7 所示。

表 3.7　肌电的频域特征

信号特征	解释	表达式
平均功率频率	平均功率频率表示通过功率谱曲线重心的频率，即 MPF 与其对应功率谱值的乘积为整个功率谱上的频率值与相应频谱值乘积的平均值	$MPF = \dfrac{\displaystyle\int_0^\infty f \cdot PSD(f) \mathrm{d}f}{\displaystyle\int_0^\infty f \cdot PSD(f) \mathrm{d}f}$
中值频率	中值频率是将功率谱分为两个面积相等的区域的频率，即将能量谱的能量一分为二的频率值	$MF = \dfrac{1}{2} \displaystyle\int_0^\infty f \cdot PSD(f) \mathrm{d}f$

注：f 为功率，$PSD(f)$ 为功率谱密度函数。

2. 心电信号

心电信号的频域分析主要涉及心率波动性的频域特征。心率波动性的频域特征提取是指将随机变化的 R-R 间期或瞬时心率信号分解成各种不同能量的频率成分，即将时域中心率变化转换到频率上进行分析。在心率波动性的频域分析中，

R-R 间期的功率谱划分为四个频段,如表 3.8 所示。高频段为 0.15~0.4Hz;低频段为 0.04~0.15Hz;极低频段为 0.003~0.04Hz;超低频段小于 0.003Hz。

表 3.8 心电频域指标

频域指标/Hz	解释
总功率≤0.4	一定时间内总 N-N 间期(全部窦性心搏 R-R 间期)的变异,反映了总的心率变异性
超低频段≤0.003	超低频范围的功率
极低频段=0.003~0.04	极低频范围的功率,主要与人体的温度控制有关
低频段=0.04~0.15	低频范围的功率,反映交感神经和迷走神经的共同调节
低频段标准	低频功率标准化单位,反映在不考虑其他频率对低频段功率影响的情况下,自主神经系统总的活动水平
高频段=0.15~0.4	高频范围的功率,反映迷走神经的调节
高频段标准	高频功率标准化单位,反映在不考虑其他频率对高频段功率影响的情况下,迷走神经系统的活动水平
低频段/高频段	反映自主神经系统的平衡状态

3. 脑电信号

基于脑电信号的研究,通常会选择提取脑电频率中的 Δ(1.5~4Hz)、θ(4~8Hz)、α(8~12Hz)、β(12~30Hz)、γ(30~80Hz)这五个频段信号进行研究。常用的频域特征有功率谱密度(信号功率在各频率点的分布情况)等;常用的频域分析方法有功率谱估计、参数模型估计、双谱分析等。功率谱估计的意义在于把随时间变化的脑电波幅度变换为随频率变换的脑电功率谱图,从而观测到脑电节律的分布与变化情况。参数模型估计假设信号由某种函数形式已知的模型产生,先对模型的参数进行估计,再从中得到谱特性。例如,采用 AR 模型(autoregressive model,自回归模型)进行谱估计,脑电信号的 AR 模型为:

$$x(n) = -\sum_{k=1}^{p} a_k x(n-k) + \varepsilon(n) \tag{3.7}$$

其中,$x(n)$ 为输出,p 表示若干时刻的输出,$\varepsilon(n)$ 表示均值高斯噪声。求得模型参数后,功率谱表示为:

$$G_{AR}(j\omega) = \frac{\sigma^2 \Delta_t}{\left| 1 + \sum_{k=1}^{p} a_k e^{-2\pi f \Delta_t} \right|} \tag{3.8}$$

46

可通过双谱分析方法进行频域特征分析,保留一些高阶信息(如相位信息等),双谱密度函数表示为:

$$B_x(\omega_1,\omega_2) = \frac{1}{(2\pi)^2}\sum_{\tau_1}\sum_{\tau_2}C_x(\tau_1,\tau_2)\mathrm{e}^{-j(\omega_1\tau_1+\omega_2\tau_2)} \tag{3.9}$$

其中,τ_1,τ_2 为时间延迟,$C_x(\tau_1,\tau_2)$ 为三个不同时刻的相关程度。

4. 皮肤电信号

皮电的频域分析大多涉及 $0\sim0.2\mathrm{Hz}$ 频段信号的功率谱和能量计算。计算方式与脑电信号的频域分析方法相同。

5. 呼吸信号

呼吸信号的频域分析大多将呼吸信号的功率谱分为 $0\sim0.1\mathrm{Hz}$、$0.1\sim0.2\mathrm{Hz}$、$0.2\sim0.3\mathrm{Hz}$、$0.3\sim0.4\mathrm{Hz}$ 四个部分,统计出每个频段内的功率谱密度作为频域特征。计算方式与脑电信号的频域分析方法相同。

3.2　生理信号特征选择方法

数据处理与特征提取完成后,需要选择有意义的特征进行分析或构造训练集。特征选择是用于聚类或分类高维数据处理过程中的重要步骤。此步骤的主要目的是降低特征数目来减少数据量。在原数据中,需要进行选择的特征包括冗余特征、完全相关特征与无关特征,合理地选择、舍弃数据中的特征有助于提高分类效率与准确率。特征选择方法可以分为过滤型、封装型和嵌入型三种。

3.2.1　过滤型

过滤型方法按照发散性或者相关性对各个特征进行评分,通过合适的评价指标与阈值度量每个特征对数据集的重要性。这种方法计算效率高、泛化能力强、易于使用,但通常是对特征进行单独评价,在过程中容易忽视特征间的相关性。常见的过滤型方法有方差选择法、相关系数法、卡方检验以及互信息法等。

1. 方差选择法

计算各个特征的方差,然后根据阈值,选择方差大于阈值的特征。若方差极小,则说明各个特征之间的差异极小,也说明特征对于样本的区别无明显贡献,可以去除。这种方法可以在全部特征的特征集中获得最佳的特征子集。方差计算公式如下：

$$S^2 = \frac{1}{n} \sum_{i=1}^{n} (x_i - \overline{x})^2 \qquad (3.10)$$

2. 相关系数法

计算各个特征对目标值的相关系数（相似度）以及相关系数的 P 值（Pearson 系数），对特征进行选择。Pearson 系数的四个等价计算公式如下：

$$P_{X,Y} = \frac{Cov(X,Y)}{\sigma_X \sigma_Y} = \frac{E[(X - \mu_X)(Y - \mu_Y)]}{\sigma_X \sigma_Y} \qquad (3.11)$$

$$= \frac{E(XY) - E(X)E(Y)}{\sqrt{E(X^2) - E^2(X)} \sqrt{E(Y^2) - E^2(Y)}}$$

$$P_{X,Y} = \frac{N \sum XY - \sum X \sum Y}{\sqrt{N \sum X^2 - (\sum X)^2} \sqrt{N \sum Y^2 - (\sum Y)^2}} \qquad (3.12)$$

$$P_{X,Y} = \frac{\sum (X - \overline{X})(Y - \overline{Y})}{\sqrt{\sum (X - \overline{X})^2 \sum (Y - \overline{Y})^2}} \qquad (3.13)$$

$$P_{X,Y} = \frac{\sum XY - \frac{\sum X \sum Y}{N}}{\sqrt{\left[\sum X^2 - \frac{(\sum X)^2}{N}\right]\left[\sum Y^2 - \frac{(\sum Y)^2}{N}\right]}} \qquad (3.14)$$

其中，E 是数学期望，Cov 表示协方差，N 表示变量取值的个数。

3. 卡方检验

用来测量自变量对因变量的相关性，即统计样本的实际观测值与理论推断值之间的偏离程度。卡方值越大，两者偏差程度越大；反之，两者偏差越小。卡方检验的公式如下：

$$\chi^2 = \sum_{i=1}^{n} \frac{(x_i - E)^2}{E} \qquad (3.15)$$

其中，E 为理论值，x_i 为样本的观察值。

4. 互信息法

用来测量自变量与因变量的相关性。根据信息和概率理论，两个随机变量之间相互独立的度量称为互信息。互信息法可用来评价一个事件的出现对另一个事件的出现所贡献的信息量（单位为 bit）。

互信息的计算公式如下：

$$I(X;Y) = \sum_{x \in X} \sum_{y \in Y} P(x,y) \log_2 \frac{P(x,y)}{P(x)P(y)} \tag{3.16}$$

其中，X，Y 表示两个离散随机变量，$P(x,y)$ 是 X，Y 的联合概率分布函数，$P(x)$，$P(y)$ 分别是 X，Y 的边缘概率分布函数。

3.2.2　封装型

这种方法将机器学习模型作为黑箱，根据特征子集在目标函数上的表现（通常是预测效果评分）判断特征子集的好坏。每次选择若干特征进行训练，每轮训练后移除与平方值最小序列对应的特征，再选择新的特征子集进行下一轮训练。以此类推，获得合适特征数的特征子集。该方法的好处是能与分类器交换信息，联合评价特征并考虑特征间的依赖性；缺点是计算成本过高、泛化能力低，且效果与分类器的选择有关。常见的封装型特征选择方法有递归特征消除法、朴素贝叶斯的多标记分类等。

1. 递归特征消除法

主要思想是反复构建模型，根据系数选出最好的（或最差的）特征，把选出来的特征放到一边，然后在剩余的特征上重复这个过程，并遍历所有特征。该过程根据被消除的次序对特征进行排序。其稳定性在很大程度上取决于迭代时底层所选择的模型。

2. 朴素贝叶斯的多标记分类

贝叶斯分类法是统计学中的分类方法，它可以预测类隶属关系的概率。贝叶斯分类基于贝叶斯定理。这种方法假设一个属性值在给定类上的概率独立于其他属性的值，这一假设称为类条件独立性。贝叶斯定理的公式表示为：

$$P(B \mid A) = \frac{P(A \mid B)P(B)}{P(A)} \tag{3.17}$$

基于贝叶斯定理的朴素贝叶斯分类基础思想为，对于给出的待分类项，求得此项对应各个类别的概率，再根据概率大小进行分类。

3.2.3　嵌入型

先使用特定机器学习算法和模型进行训练，得到各个特征的权值系数，再根据系数从大到小选择特征，通常仅适用于特定的学习机器。一般嵌入式多标记特征选择式方法可分为两类：一类为基于树模型的特征选择方法，树节点的划分特征所组成的集合就是选择出的特征子集;另一类是在回归模型中引入惩罚项进行特征选择。基于不同的假设,一般的方法是使用 $L2$ 范数或 $L1$ 范数对模型进行正则化。这种方法与封装型一样,与分类器进行了信息交换,需联合评价特征并考虑特征间的依赖性,具有较低的过拟合风险和计算复杂度,但结果质量与分类器有较大的相关性。

1.基于树模型的特征选择算法

决策树思想会对每个特征做一个划分,是一种监督学习算法(具有预定义的目标变量),输入和输出变量可以是离散值或连续值。在决策树中,可以根据输入变量中最具有区分性的变量,把数据集或样本分割为两个或两个以上的子集合,如图3.1所示。

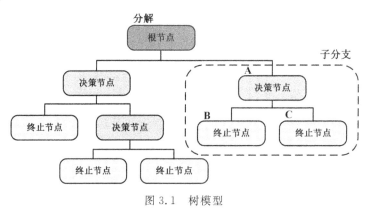

图 3.1　树模型

根据特征选择标准,从上至下递归地生成子节点,直到数据集不可分。决策树的生成表达式如下:

$$G(x) = \sum_c if(b(x) = c) * G_c(x) \tag{3.18}$$

终止时 $G_c(x) = g_t(x)$(基函数),其中,$g_t(x)$ 为基函数。分裂策略对树的准确率影响很大,常用的分裂,如基尼系数适用于离散型的目标变量,基尼系数的计算公式如下:

$$P^2 + (1-P)^2 \tag{3.19}$$

其中,P 表示成功概率。

2.基于惩罚项的特征选择法($L1$ 范数)

正则化是一种在机器学习模型的损失函数加上惩罚项,防止机器学习模型过

拟合的方法,其一般形式如下:

$$\text{Lossfunction} = \sum_{i=1}^{N} L(f(x_i), y_i) + \lambda J(w_i) \tag{3.20}$$

其中,$L(f(x_i), y_i)$ 表示损失函数,$J(w_i)$ 为函数的正则化项(惩罚项),λ 为系数参数调节正则化程度。L1 范数的正则项的公式如下:

$$J(w_i) = |W|_1 = \sum_{i=1}^{N} |w_i| \tag{3.21}$$

在使用 L1 范数的正则项时,当模型达到最优时,无用特征前面的系数 w_i 就会变成 0。

3.3　本章小结

本章对不同生理信号的时域特征和频域特征进行分类总结,介绍了常用的特征分析方法;并归纳生理信号特征选择方法,剔除了无关特征与冗余特征以降低计算成本、提高识别准确率,为生理信号识别模型的构建做好数据基础。在机器学习中,数据与特征对学习效果具有重要影响,可通过特征工程最大限度地从原始信号中提取高可分性特征,以有效提升模型的识别表现。

参考文献

郭漩,2014.基于人工神经网络的多生理信号情绪识别系统设计与实现[D].上海:华东师范大学.

姜羽,王连明,2019.基于 Emotiv Epoc+的眼动信号采集与识别方法研究[J].东北师大学报(自然科学版),51(2):59-64.

李幼军,2018.生理信号的情感计算研究及其应用[D].北京:北京工业大学.

林文倩,2019.生理信号驱动的情绪识别及交互应用研究[D].杭州:浙江大学.

王晗,2020.基于深度学习的生理情感识别[D].合肥:安徽建筑大学.

王忠民,赵玉鹏,郑镕林,等,2022.脑电信号情绪识别研究综述[J/OL].计算机科学与探索,16(4):760-774.[2022-03-16].http://kns.cnki.net/kcms/detail/11.5602.TP.20211118.1403.006.html.

许子明,牛一帆,温旭云,等,2021.基于脑电信号的认知负荷评估综述[J].航天医学与医学工程,34(4):339-348.

杨建华,李正,赵妤,等,2021.基于肌电信号的嵌入式手势识别系统设计[J].自动化与仪表,36 (12):62-66.

喻一梵,2018.基于心电和脉搏信号的情绪识别研究[D].太原:山西大学.

赵祎明,王婕,张高巍,等,2022.分析5种步态模式状态时下肢表面肌电信号识别人体下肢运动意图[J].中国组织工程研究,26(12):1805-1811.

ALAM M M, KHAN A A, FAROOQ M,2020. Effects of vibration therapy on neuromuscular efficiency & features of the EMG signal based on endurance test[J]. Journal of Bodywork and Movement Therapies,24(4):325-335.

ALHAGRY S, ALY A, A, R,2017. Emotion recognition based on EEG using LSTM recurrent neural network[J]. International Journal of Advanced Computer Science and Applications, 8(10):355-358.

AZIZ S, KHAN M U, AAMIR F, et al. ,2019. Electromyography (EMG) data-driven load classification using empirical mode decomposition and feature analysis[C]//2019 International Conference on Frontiers of Information Technology (FIT). Islamabad, Pakistan:IEEE: 272-2725.

BOOSTANI R, MORADI M H,2003. Evaluation of the forearm EMG signal features for the control of a prosthetic hand[J]. Physiological Measurement,24(2):309-319.

CARUELLE D, GUSTAFSSON A, SHAMS P, et al. ,2019. The use of electrodermal activity (EDA) measurement to understand consumer emotions : A literature review and a call for action[J]. Journal of Business Research,104:146-160.

CELIN S, VASANTH K,2018. ECG signal classification using various machine learning techniques[J]. Journal of Medical Systems,42(12):241.

HAMEED R A, SABIR M K, FADHEL M A, et al. ,2018. Human emotion classification based on respiration signal[C]//Proceedings of the International Conference on Information and Communication Technology-ICICT '19. Baghdad, Iraq:ACM Press:239-245.

HINKLE L B, ROUDPOSHTI K K, METSIS V,2019. Physiological measurement for emotion recognition in virtual reality[C]//2019 2nd International Conference on Data Intelligence and Security (ICDIS). South Padre Island, TX, USA:IEEE:136-143.

HOPPE S, LOETSCHER T, MOREY S A, et al. ,2018. Eye movements during everyday behavior predict personality traits[J]. Frontiers in Human Neuroscience,12:105.

JANBAKHSHI P, SHAMSOLLAHI M B,2018. Sleep apnea detection from single-lead ECG using features based on ECG-derived respiration (EDR) signals[J]. IRBM,39(3):206-218.

LI M, XU H, LIU X, et al. ,2018. Emotion recognition from multichannel EEG signals using K-nearest neighbor classification[J]. Technology and Health Care,26(S1):509-519.

LI X, SONG D, ZHANG P, et al. ,2018. Exploring EEG features in cross-subject emotion recognition[J]. Frontiers in Neuroscience,12:162.

MAROUF M, SARANOVAC L, VUKOMANOVIC G,2017. Algorithm for EMG noise level approximation in ECG signals[J]. Biomedical Signal Processing and Control,34:158-165.

MÁRQUEZ-FIGUEROA S, SHMALIY Y S, IBARRA-MANZANO O,2020. Optimal extraction of EMG signal envelope and artifacts removal assuming colored measurement noise[J]. Biomedical Signal Processing and Control,57:101679.

NAKISA B, RASTGOO M N, TJONDRONEGORO D, et al.,2018. Evolutionary computation algorithms for feature selection of EEG-Based emotion recognition using mobile sensors[J]. Expert Systems with Applications,93:143-155.

NGUYEN P,2017. Approaches to quantifying EEG Features for Design Protocol Analysis[D]. Montreal: Concordia University.

POSADA-QUINTERO H F, CHON K H, 2020. Innovations in electrodermal activity data collection and signal processing: A systematic review[J]. Sensors,20(2):479.

POSADA-QUINTERO H F, RELJIN N, MILLS C, et al.,2018. Time-varying analysis of electrodermal activity during exercise[J]. Valenza G. Plos One,13(6):e0198328.

QI J, JIANG G, LI G, et al.,2020. Surface EMG hand gesture recognition system based on PCA and GRNN[J]. Neural Computing and Applications,32(10):6343-6351.

RODRIGUEZ-TAPIA B, SOTO I, MARTINEZ D M, et al.,2020. Myoelectric interfaces and related applications: Current state of emg signal processing-a systematic review[J]. IEEE Access,8:7792-7805.

SAHOO S, KANUNGO B, BEHERA S, et al.,2017. Multiresolution wavelet transform based feature extraction and ECG classification to detect cardiac abnormalities[J]. Measurement,108:55-66.

SHU L, XIE J, YANG M, et al.,2018. A review of emotion recognition using physiological signals[J]. Sensors,18(7):2074.

SHUKLA J, BARREDA-ANGELES M, OLIVER J, et al.,2021. Feature extraction and selection for emotion recognition from electrodermal activity[J]. IEEE Transactions on Affective Computing,12(4):857-869.

TRIPATHY R K, RAJENDRA ACHARYA U,2018. Use of features from RR-Time series and EEG signals for automated classification of sleep stages in deep neural network framework[J]. Biocybernetics and Biomedical Engineering,38(4):890-902.

VISALLI A, CAPIZZI M, AMBROSINI E, et al.,2021. Electroencephalographic correlates of temporal Bayesian belief updating and surprise[J]. NeuroImage,231:117867.

WANG Q, LI Y, LIU X,2018. Analysis of feature fatigue eeg signals based on wavelet entropy [J]. International Journal of Pattern Recognition and Artificial Intelligence,32(8):1854023.

WASIMUDDIN M，ELLEITHY K，ABUZNEID A-S，et al.，2020. Stages-based ECG signal analysis from traditional signal processing to machine learning approaches：a survey[J]. IEEE Access，8：177782-177803.

WU C-K，CHUNG P-C，WANG C-J，2012. Representative segment-based emotion analysis and classification with automatic respiration signal segmentation[J]. IEEE Transactions on Affective Computing，3(4)：482-495.

XIA P，HU J，PENG Y，2018. EMG-Based estimation of limb movement using deep learning with recurrent convolutional neural networks：EMG-based estimation of limb movement[J]. Artificial Organs，42(5)：E67-E77.

ZHUANG N，ZENG Y，TONG L，et al.，2017. Emotion recognition from EEG signals using multidimensional information in EMD domain[J]. BioMed Research International，2017：1-9.

第4章 生理信号识别模型构建

本章总结了生理信号识别模型构建的方法与步骤,包括生理信号数据集构建和模型训练方法;归纳了识别模型构建完成后(即获得生理信号与分类类别之间的映射联系)常用的一些模型性能评估方法,以评价模型的识别表现。同时,介绍了常用的机器学习模型算法及其优缺点。其中,对于深度学习模型框架的介绍涉及第3章中的深层特征提取。

4.1 模型的构建

机器学习中利用数据生成模型的算法即为学习算法,这个过程称为学习或训练。学习任务包含监督学习和无监督学习,区分两种学习方式的标准是判断输入的数据集有无标签。两种类型的数据集表示如下:

$$T_{有监督} = \{(\boldsymbol{x}_1, y_1), (\boldsymbol{x}_2, y_2), \cdots, (\boldsymbol{x}_n, y_n)\}, \ y_i \in \{c_1, c_2, \cdots, c_k\} \tag{4.1}$$

$$T_{无监督} = \{\boldsymbol{x}_1, \boldsymbol{x}_2, \cdots, \boldsymbol{x}_n\} \tag{4.2}$$

其中,$\boldsymbol{x}_i$ 为实例特征向量,y_i 为实例的类别,c_i 为类别的类型。有监督学习先通过已知的训练样本(有标签)进行训练,从而得到一个最优模型,再将这个模型应用到新的数据,映射为输出结果,其典型的应用例子有分类和回归;无监督学习根据类别未知(没有被标记)的训练样本解决模式识别中的各种问题,其典型的应用例子有聚类。机器学习的过程一般可分为数据集构建、模型训练、模型评估三个步骤。

4.1.1 数据集的构建

机器学习通常按一定比例把数据集分割成训练集、验证集与测试集。训练集用来训练模型内参数,分类器直接根据训练集来调整自身,以获得更好的分类效果;验证集用来检验模型在训练过程中的收敛情况,调整超参数,并用来监控模型是否发生过拟合;测试集用来评价模型的泛化能力。数据集构建后需要将数据进行处理,包括一些数据的清洗、数据的特征缩放(标准化或者归一化)等。训练集、验证集和测试集的输入输出构成如下。

(1)训练集

输入: $$T_{train} = \{(x_1, y_1), (x_2, y_2), \cdots, (x_n, y_n)\} \tag{4.3}$$

输出:训练完成的模型参数。

(2)验证集

输入: $$T_{test} = \{(x_1, y_1), (x_2, y_2), \cdots, (x_n, y_n)\} \tag{4.4}$$

输出:分类结果。

(3)测试集

输入: $$T_{validation} = \{x_1, x_2, \cdots, x_n\} \tag{4.5}$$

输出:分类结果。

4.1.2 模型训练

模型训练是指从数据集中找到最优的模型参数以获得性能较优的识别模型。模型训练的基本步骤包括定义算法公式(神经网络的选择)、定义损失函数、对数据进行迭代训练以获得最小损失值对应的模型参数三步。

模型训练本质是一个反复调整模型参数的过程。训练过程往往耗时较长,数据集或初始参数(如学习率、正则项等)设置不合理可能会导致模型的迭代次数过多或训练效果较差。因此,在训练中需要根据需求设置合理的初始化权重、偏差、学习率、正则项等参数,防止模型出现过拟合或欠拟合的现象。

模型训练中的损失函数曲线如图 4.1 所示。由图可知,通常情况的模型训练

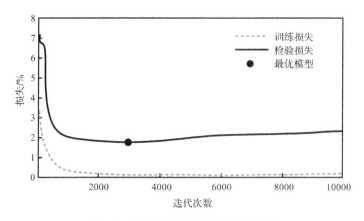

图 4.1 模型训练中的损失函数曲线

呈现一种先快后慢的趋势,经过若干次迭代后检验损失值达到最小,训练损失的值基本趋于稳定,减小幅度降低,此时的模型训练基本趋于稳定,该迭代次数下可以获得较好的学习效果。过高或过低的迭代次数则可能出现过拟合或欠拟合的现象。

4.1.3　模型评估

模型评估经常使用的两个指标是错误率和精度。错误率表示错误样本占样本总数的比例,令数据集中样本总数为 m,则在数据集 D 中可以表示为:

$$E(f;D) = \frac{1}{m}\sum_{i=1}^{m}\prod ,f(x_i) \neq y_i \tag{4.6}$$

精度表示正确样本占样本总数的比例,在数据集 D 中可以表示为:

$$\mathrm{acc}(f;D) = \frac{1}{m}\sum_{i=1}^{m}\prod ,f(x_i) = y_i \tag{4.7}$$

$$\mathrm{acc}(f;D) = 1 - E(f;D) \tag{4.8}$$

模型实际预测输出与样本真实输出间的差异称为误差,训练集上的误差称为训练误差或经验误差,测试集(新样本)上的误差称为泛化误差。

分类问题中,还有查准率和查全率等更适用于性能评估的指标。如在二分类时,可以根据真实的类别标签与预测的类别标签,将样本划分为真正例(true positive,TP)、假正例(false positive, FP)、真反例(true negative, TN)、假反例(false negative, FN),样本总数则为 TP + FP + TN + FN。分类结果的混淆矩阵如表 4.1 所示。

表 4.1　分类结果的混淆矩阵

真实类别	预测类别	
	正例	反例
正例	真正例(TP)	假反例(FN)
反例	假正例(FP)	真反例(TN)

查准率(P)和查全率(R)分别如下表示:

$$P = \frac{\mathrm{TP}}{\mathrm{TP+FP}} \tag{4.9}$$

$$R = \frac{\mathrm{TP}}{\mathrm{TP+FN}} \tag{4.10}$$

查准率和查全率两个度量在通常的训练任务中往往互相矛盾,一者较高时另一者则偏低,因此需要找到一个查准率和查全率的平衡点来进行度量,常用的方法是通过 $F1$ 值进行度量,$F1$ 值的计算表达式如下:

$$F1 = \frac{2PR}{P+R} = \frac{2\text{TP}}{2\text{TP}+\text{FN}+\text{FP}} \tag{4.11}$$

4.2 识别模型构建方法(基础算法)

4.2.1 支持向量机

支持向量机(support vector machine,SVM)的基本模型是,在特征空间上找到最佳的分离超平面,使得训练集上正、负样本间隔最大,如图 4.2 所示。支持向量机是用来解决二分类问题的有监督学习算法,也可以用来解决非线性问题。支持向量机的基本步骤包括定义决策边界、边界(距离)计算和决策过程。首先定义训练数据集 T:

$$T = \{(x_1, y_1), (x_2, y_2), \cdots, (x_i, y_i), \cdots, (x_n, y_n)\},\ i=1,2,\cdots,n \tag{4.12}$$

其中,$x_i \in \mathbb{R}^n$,$y_i = \{1, -1\}$。模型的构建如图 4.2 所示。

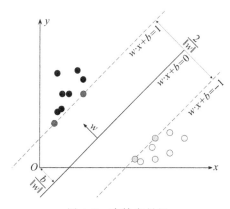

图 4.2 支持向量机

1.决策边界

定义一个超平面 $wx+b=0$,超平面满足以下条件:

$$y_i(wx_i+b) \geqslant 1 - \varepsilon_i,\ i=1,2,\cdots,N \tag{4.13}$$

其中,ε_i 为松弛变量,$\varepsilon_i \geqslant 0$。

2. 距离计算

选择乘法参数 $C>0$，构造并求解凸二次规划问题。在约束条件下，找到代价函数最小化与分类边界最大化，即分类错误最小化的情况。对于给定的训练集 T，找到最大化的 Q：

$$Q=\sum_{i=1}^{N}\alpha_i-\frac{1}{2}\sum_{i=1}^{N}\sum_{j=1}^{N}\alpha_i\alpha_j y_i y_j\, x_i^{\mathrm{T}} x_j \qquad (4.14)$$

使得：

$$\sum_{i=1}^{N}\alpha_i y_i \geqslant 0,\ 0 \leqslant \alpha_i \leqslant C \qquad (4.15)$$

3. 决策过程

找到符合要求的拉格朗日乘子后，新数据的线性分类表达式如下：

$$f(x_{\mathrm{new}})=\mathrm{sgn}(\sum_{i=1}^{L}y_i a_i x_{\mathrm{new}}^{\mathrm{T}} x_i+b) \qquad (4.16)$$

其中，L 表示最大化目标函数获得的支持向量机个数。在非线性支持向量机中，用核函数 $K(x,x_i)$ 替代内积，因此新数据的非线性分类表达式如下：

$$f(x_{\mathrm{new}})=\mathrm{sgn}[\sum_{i=1}^{L}y_i a_i K(x,x_i)+b] \qquad (4.17)$$

支持向量机通常针对二分类问题，在面对多分类问题时，通常使用一对一法或一对多法。支持向量机的优点与缺点如表 4.2 所示。

表 4.2　支持向量机的优点与缺点

支持向量机的优点	支持向量机的缺点
(1) 可以解决小样本下机器学习的问题 (2) 提高泛化性能 (3) 可以解决高维、非线性问题及超高维文本分类 (4) 避免了神经网络结构选择局部极小的问题	(1) 对缺失数据敏感 (2) 内存消耗大

4.2.2　k 近邻算法

k 近邻算法（k-nearest neighbor，KNN）指对给定的训练集，在训练集中找到与输入实例最近邻的 k 个实例，k 个实例的分类分布情况（出现频率最高的类别）决定了输入实例的分类结果，如图 4.3 所示。根据给定的距离度量方式，通过计算距离度量来表示两个实例的相似程度，在多维空间向量的计算中，常用的计算方式是欧氏距离，也可以使用其他的计算方式，如曼哈顿距离、闵可夫斯基距离等。设 x_i, x_j

分别为两个实例的特征向量,不同距离的计算公式如下。

欧氏距离表达式:

$$L_2(x_i,x_j)=(\sum_{l=1}^n |x_i^l-x_j^l|)^{\frac{1}{2}} \tag{4.18}$$

曼哈顿距离表达式:

$$L_1(x_i,x_j)=\sum_{l=1}^n |x_i^l-x_j^l| \tag{4.19}$$

闵可夫斯基距离表达式:

$$L_p(x_i,x_j)=(\sum_{l=1}^n |x_i^l-x_j^l|)^{\frac{1}{p}} \tag{4.20}$$

在训练集中找到与 x 最近邻的 k 个点,涵盖这 k 个点的领域记为 $N_k(x)$;在 $N_k(x)$ 中根据分类决策决定 x 的类别 y,y 的表达式为:

$$y=\mathrm{argmax}_{c_j}\sum_{x_i\in N_k(x)} I(y_i=c_j) \tag{4.21}$$

其中,$I(y_i=c_j)$ 为指示函数,当 $y_i=c_j$ 时,$I=1$,否则 $I=0$。KNN 的优点与缺点如表 4.3 所示。

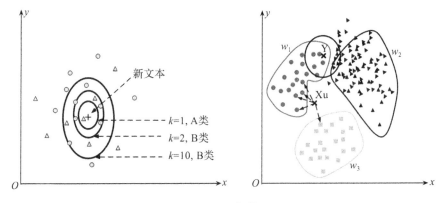

图 4.3 k 近邻算法

表 4.3 k 近邻算法的优点与缺点

优点	缺点
(1)原理简单,易于实现,不需要额外参数 (2)不需要训练过程 (3)适合处理多分类问题 (4)准确度较高,对异常点不敏感	(1)在特征数非常多的时候,计算量较大 (2)没有学习过程,进行回归预测是算法效率比较低 (3)不平衡样本下,对稀有样本的预测准确率较低

4.2.3　随机森林

随机森林(random forest,RF)由 Breimanet 等(2001)提出,是引导聚集算法(装袋算法)的进阶版,基本思想与装袋算法相似,但进行了独特的改进(见图 4.4)。随机森林通过自助法重采样技术,从原始训练样本中集中、重复、随机抽取多个样本,生成新的训练样本集合训练决策树。然后重复以上步骤生成多棵决策树,组成随机森林,新数据的分类结果由投票分数确定。因此,随机森林是基于决策树算法的分类器,具有较高的准确性、稳定性以及易解释性。随机森林不仅可用于线性模型,还能对非线性关系进行很好的映射。

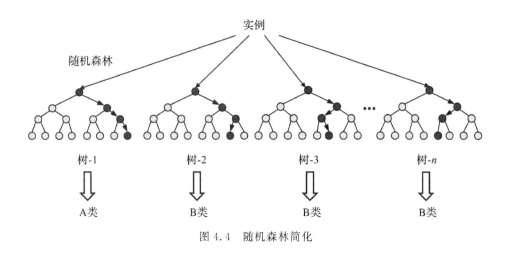

图 4.4　随机森林简化

决策树是一种利用树木结构进行决策的算法,即对于样本数据,根据已知条件或特征进行分叉,最终建立一棵树,树的叶子节点表示最终决策。随机森林是一种通过多棵决策树进行优化决策的算法,可用于分类回归、特征转换、异常检测等,比较有代表性的扩展算法有极限树、完全随机树等。

随机森林的模型构建包括决策树生成、随机森林生成、决策分类等过程,具体如下。

(1)从样本集中随机采样选出 n 个样本,得到采样集 D_n。

(2)从所有特征中随机选择 k 个特征,对选出的样本利用这些特征建立决策树,选择表现较好的特征作为决策树左右子树的划分依据。选择基尼指数增益值

最大的特征作为该节点的分裂条件,表达式如下:

$$G_{\text{ini}}(D) = 1 - \sum_{i}^{c} p_i^2 \qquad (4.22)$$

在信息论中,交叉熵函数用来衡量系统的混乱度。同样能用于度量结点不纯度,其表达式为:

$$S = -\sum_{k=1}^{K} \hat{p}_{mk} \ln(\hat{p}_{mk}) \qquad (4.23)$$

(1)重复以上步骤 m 次,生成 m 棵决策树 $G_m(x)$,形成随机森林。

(2)对于新数据,经过随机森林中的每棵树决策,获得最终分类结果。

随机森林的优点和缺点如表 4.4 所示。

表 4.4　随机森林的优点与缺点

优点	缺点
(1)训练可以高度并行化,对于大样本量的数据集训练速度有优势 (2)由于可以随机选择决策树节点划分特征,在面对高特征维度样本时,模型仍然高效 (3)可以在训练完成后评估各个特征重要性 (4)由于采用了随机采样,训练出的模型的方差小,泛化能力强 (5)可以检测特征之间的相互作用 (6)可以估计缺省特征取值,对部分特征缺省的容忍度高	(1)在某些噪声比较大的样本集上,RF 模型容易陷入过拟合 (2)取值划分比较多的特征容易对随机森林的决策产生更大的影响,从而影响拟合模型的效果

4.2.4　人工神经网络

人工神经网络(artificial neural network,ANN)是针对生物神经网的一种数字化模拟。人工神经网络是由具有适应性的简单单元组成的广泛并行互联的网络,它的组织能够模拟生物神经系统,能对真实世界物体做出交互反应。其处理模式也如生物体神经系统,属于非线性处理方式,这种工作模式保证了人工神经网络能够对机器学习的不同需求进行模拟和实现。由于人们在绝大部分情况下所需处理的都是非线性问题,因此神经网络因为其特点以及优势,在很多领域得到了广泛应用。

人工神经元是神经网络工作的基本信息处理单元,如图 4.5 所示。

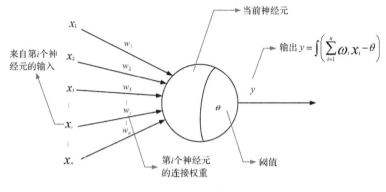

图 4.5　人工神经元

输入信号 x_i,神经元的输出 y 表示为:

$$y = f(\sum_{i=1}^{m} w_i x_i - \theta) \qquad (4.24)$$

其中,w_i 为权重参数,θ 为偏差参数,f 表示为激活函数。激活函数多采用 Sigmoid 函数(见图 4.6),数学表达式为:

$$\mathrm{Sigmoid}(x) = \frac{1}{1 + e^{-x}} \qquad (4.25)$$

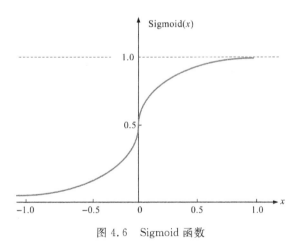

图 4.6　Sigmoid 函数

感知机是由两层神经元组成(输入层和输出层)的基础神经结构(见图 4.7),输入层接收并传递外界信号,输出层是一个 M-P 神经元。因此仅输出层为功能神经元(进行激活函数处理),学习能力有限。要解决非线性可分问题,则需要使用更

多的功能神经元,图 4.8 为两层感知机,在输入层与输出层之间增加了一层神经元
(隐藏层),隐藏层与输出层均具有激活函数处理功能。

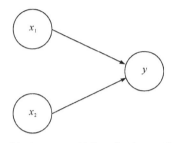

图 4.7　感知机(x_1,x_2 是输入信号,y 是输出信号)

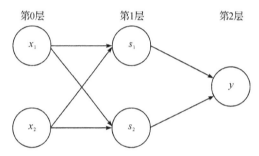

图 4.8　两层感知机(x_1,x_2 是输入信号;s_1,s_2 是隐藏层;y 是输出信号)

　　更广泛的情况可由更复杂的层级结构组成。层与层的神经元全互连接(同层
之间无连接、跨层间无连接),这样就实现了多层前馈神经网络,如图 4.9 所示。该
神经网络包含了输入层、隐藏层(单层或多层)、输出层三层结构。输入层仅接收外

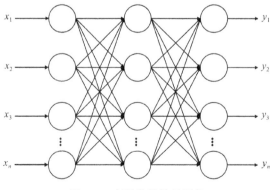

图 4.9　多层前馈神经网络

界输出信号,不包含功能神经元;隐藏层与输出层对接收信号进行函数处理,包含功能神经元。神经网络的学习过程,就是根据训练数据来调整神经元之间的连接权重以及每个功能神经元的阈值。神经网络的优点与缺点见表 4.5。

表 4.5　神经网络的优点与缺点

优点	缺点
(1)分类准确率高 (2)并行处理能力强 (3)分布式存储和学习能力强 (4)鲁棒性较强,不易受噪声影响	(1)需要大量参数,计算成本高 (2)结果解释性较差 (3)训练时间长

4.2.5　深度学习

深度学习(deep learning,DL)作为机器学习的一个分支由 Hinton 等(2006)提出,其概念源于人工神经网络,因此又叫深层神经网络(deep neural network,DNN)。深度机器学习方法也分为监督学习[如积神经网络(convolutional neural network,CNN)]与无监督学习[如深度置信网(deep belief net,DBN)],不同学习框架建立的学习模型也不相同。本节介绍循环神经网络、长短时记忆神经网络和卷积神经网络三种常用的深度学习模型。

1. 循环神经网络

循环神经网络(recurrent neural network,RNN)是一类以序列数据为输入,在序列的演进方向进行递归且所有节点(循环单元)按链式连接的递归神经网络,多用于处理序列数据。

循环神经网络的结构如图 4.10 所示。核心部分是一个有向图,展开后以链

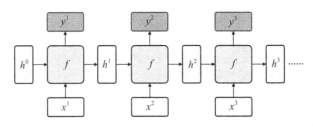

图 4.10　RNN 结构

式相连的元素被称为循环单元。给定的学习数据按一定序列输入,如 $X=\{x_1,x_2,\cdots,x_\tau\}$,其展开长度为 τ,x_i 表示当前循环单元的输入,y_i 表示当前循环单元的输出,h 表示系统状态接收到的上一个节点的输入与传递到下一个节点的输出。

循环神经网络的循环单元结构如图 4.11 所示。每个循环单元当前时间的状态 h^t 由该时间点的输入和上一个时间点的状态决定:

$$h^t=f(uh^{t-1},wX,b) \tag{4.26}$$

其中,u 和 w 为输入内容的权重,b 为偏差,f 为激活函数。每个循环单元当前时间的输出 y^t 由当前状态 h^t 决定,表达式为:

$$y^t=g(uh^t+c) \tag{4.27}$$

其中,u 为输入内容的权重,c 为偏差,g 为激活函数。

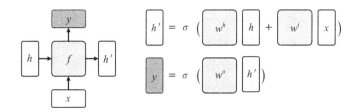

图 4.11 RNN 循环单元

循环神经网络的输出模式包括序列-分类器(单输出)、序列-序列(同步多输出)、编码器-解码器(异步多输出)等,分别用于数据的分类(如音频、文本的分类)、数据的生成(如文本生成)与编码器(翻译文本)等领域。

在长序列训练过程中,循环神经网络存在梯度消失和梯度爆炸问题。梯度消失会导致神经网络中的网络权重无法得到更新,梯度爆炸则会使学习不稳定,参数变化太大会导致无法获取最优参数。由于这些缺陷,循环神经网络在面对长序列的训练时无法得到很好的学习,由此诞生了对应的长短时记忆神经网络(long short-term memory,LSTM)及各种变体。

2. 长短时记忆神经网络

长短时记忆神经网络相比循环神经网络增加了多个门控,门控算法是循环神经网络应对长距离记忆的一种可行方法,其设想是通过不同的门控单元赋予循环神经网络控制其内部信息积累的能力,在学习时能选择性地遗忘信息以防止过载。长短时记忆神经网络单元包含输入门、遗忘门和输出门三个门控。相对于循环神经网络对系统状态建立的递归计算,三个门控对长短时记忆神经网络单元的内部状态建立了自循环。相比于传统循环神经网络的一个传递状态 h,长短时记忆神经网络有两个传输状态 c 和 h,如图 4.12 所示。

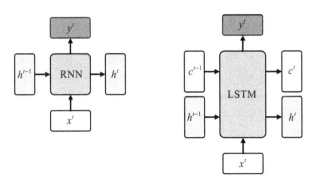

图 4.12　RNN 单元与 LSTM 单元的比较

在长短时记忆神经网络结构中,输入门决定当前时间步的输入和前一个时间步的系统状态对内部状态的更新;遗忘门决定前一个单元内部状态对当前单元内部状态的更新;输出门决定内部状态对系统状态的更新,其单元结构如图 4.13 所示。

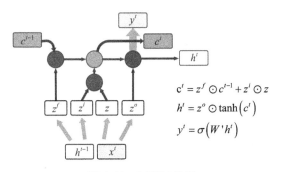

$$c^t = z^f \odot c^{t-1} + z^i \odot z$$
$$h^t = z^o \odot \tanh(c^t)$$
$$y^t = \sigma(W'h^t)$$

图 4.13　LSTM 单元

LSTM 单元结构中, x_i 表示当前循环单元的输入, y_i 表示当前循环单元的输出, h 表示隐藏单元, c 表示系统状态。结合当前单元输入与前一单元传递的信号,可以获得四个状态。其中, z 表示当前单元计算内容(通过一个 tanh 激活函数); z^f, z^i 和 z^o 表示遗忘、输入和输出三个门控(分别通过一个 Sigmoid 激活函数)。

各变量的表达式如下：

$$z = \tanh(\theta x^t + z w h^{t-1} + b) \tag{4.28}$$

$$z^i = \sigma(\theta_i x^t + w_i h^{t-1} + b_i) \tag{4.29}$$

$$z^o = \sigma(\theta_o x^t + w_o h^{t-1} + b_o) \tag{4.30}$$

$$c^t = z^f \odot c^{t-1} + z^i \odot z \tag{4.31}$$

$$h^t = z^o \odot \tanh(c^t) \tag{4.32}$$

$$y^t = \sigma(u h^t + c) \tag{4.33}$$

其中，θ, w, u 为输入内容的权重；b, c 为偏差；σ 为激活函数。

在模型训练过程中，长短时记忆神经网络单元需要经历遗忘、选择记忆与输出三个阶段。遗忘阶段主要是对上一个节点传进来的输入进行选择性忘记，通过计算得到的 z^f 作为遗忘门控，控制上一个状态的 c^{t-1} 中需要遗忘的内容。选择记忆阶段通过输入门控 z^i 对这一阶段的输入信号进行选择性记忆。以上两个步骤的结果会结合传递给下一单元当前的系统状态 c^t。输出阶段决定当前单元的输出内容，对当前单元得到的系统状态 c^t 通过激活函数进行变换并通过输出门控 z^o 控制。

3. 卷积神经网络

卷积神经网络是一类包含卷积计算且具有深度结构的前馈神经网络，是深度学习的代表算法之一。其本质是多层感知机的变种，所采用的局部连接和权值共享大大提高了它的性能。卷积神经网络隐含层内的卷积核参数共享和层间连接的稀疏性使得卷积神经网络能够以较小的计算量进行特征提取，如适用于像素和音频的特征学习且对数据没有额外的特征工程要求。目前的卷积神经网络已广泛应用于计算机视觉、语音识别、人脸识别、通用物体识别、运动分析、自然语言处理及脑电波分析等领域。

卷积神经网络的基本结构包含了输入层、卷积层、池化层（或下采样层）、全连接层及输出层，如图4.14所示。其中若干个卷积层和池化层交替设置，卷积层中输出特征图的每个神经元与其输入进行局部连接，并通过对应的连接权值与局部输入进行加权求和，再加上偏置值，得到该神经元输入值，该过程即为卷积过程。下面对其主要的功能层与技术原理进行分析。

（1）输入层

卷积神经网络的信号输入通常为特征图像，因此在输入层完成的内容主要是对原始图像的预处理过程，包括去均值、归一化、主成分分析法（principal compo-

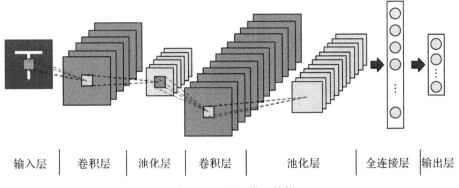

输入层 | 卷积层 | 池化层 | 卷积层 | 池化层 | 全连接层 | 输出层

图 4.14 CNN 模型结构

nent analysis,PCA)与白化等步骤。输入信号的单个样本通常包含图像高度、图像宽度以及图像通道数目三个维度。

（2）局部感受野与权值共享

卷积神经网络的核心思想就是通过局部感受野、权值共享和池化层达到简化网络参数的目的。

局部感受野：由于图像的空间联系是局部的，每个神经元不需要对全部的图像做感受，只需要感受局部特征即可，然后在更高层将这些感受得到的不同的局部神经元综合起来就可以得到全局的信息，这样可以减少神经元连接的数目。

权值共享：不同神经元之间的权值共享可以减少需要求解的参数，使用多种滤波器去卷积图像就会得到多种特征映射。权值共享是对图像用同样的卷积核进行卷积操作，能够使第一个隐藏层的所有神经元检测到处于图像不同位置的完全相同的特征，使卷积神经网络具有良好的平移不变性（如将输入图像的物体位置移动之后，同样能够检测到该物体的图像）。

（3）卷积层

卷积层由多个特征图组成，每个特征图由多个神经元组成，它的每个神经元通过卷积核与上一层特征图的局部区域相连。我们可以通过卷积运算提取出图像的特征，使原始信号的某些特征增强，并且降低噪声。

卷积层中的卷积核（权值矩阵）对局部输入数据进行卷积计算，每计算完一个数据窗口内的局部数据后，数据窗口不断平移滑动，直到计算完所有数据。卷积过程中涉及的参数有图像大小、深度、步长、填充值/填充方式等。图 4.15 为 3×3 的卷积核（步长为 1）在 5×5 的输入图像上以 VALID 填充方式进行卷积操作。

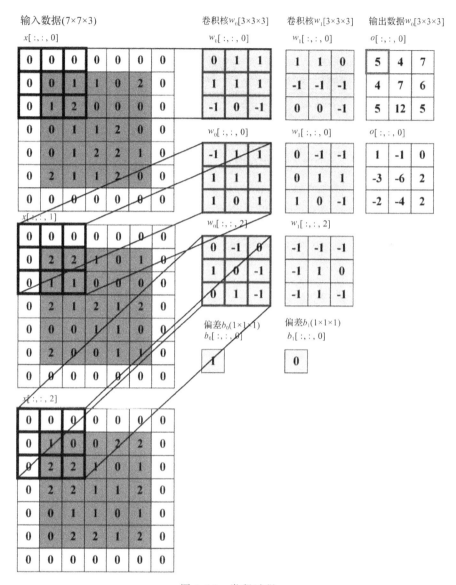

图 4.15　卷积过程

（4）池化层

在卷积神经网络中,卷积层之后会设置一个池化层（或下采样层）。池化层的作用是提取局部均值或最大值以减少模型参数。与卷积层类似,池化层也需要定义图像的大小与步长,图 4.16 为以 2×2 池化尺寸（步长为 1）在 5×5 的输入图像上的最大值池化计算过程。

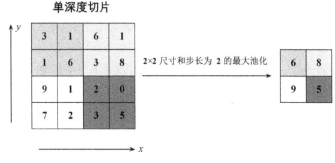

图 4.16　池化过程

深度学习模型的优点与缺点如表 4.6 所示。

表 4.6　深度学习的优点与缺点

优点	缺点
(1)拥有极强的学习能力 (2)有良好的覆盖范围 (3)适应能力强 (4)可移植性较好	(1)计算量庞大 (2)硬件成本高 (3)模型设计较为复杂 (4)便携性差

4.3　本章小结

　　本章介绍了生理信号识别模型构建方法与常用的识别模型算法。利用生理信号识别模型可以对生理信号进行分类,相对于主观性较强的量表测量方法,该方法能够获得更加客观、准确的结果。使用支持向量机等浅度学习方法能够对手动提取的生理信号特征进行识别。使用深度学习方法无须进行特征的手动提取,能够自动提取更深层的隐藏特征,具有更好的识别表现,已广泛应用于情感计算、图像识别、脑机接口等领域,能有效实现产品的智能化需求。

参考文献

陈景霞,王丽艳,贾小云,等,2019.基于深度卷积神经网络的脑电信号情感识别[J].计算机工程
　　与应用,55(18):103-110.

董寅冬,2021.基于多模态生理信号的情感识别方法研究[D].合肥:合肥工业大学.

高诺,高志栋,张慧,等,2021.运动想象脑电信号特征提取与分类的黎曼方法研究[J].生物医学工程研究,40(3):246-251.

李才隆,叶宁,黄海平,等,2018.基于递归定量分析的生理信号情感识别[J].计算机技术与发展,28(11):94-98,102.

李颖洁,李玉玲,杨帮华,2020.基于脑电信号深度学习的情绪识别研究现状[J].北京生物医学工程,39(6):634-642.

廖罗皓晨,2020.基于生理信号的情感识别方法研究与应用[D].成都:电子科技大学.

刘光达,董梦坤,张守伟,等,2021.基于 KPCA-SVM 的表面肌电信号疲劳分类研究[J].电子测量与仪器学报,35(10):1-8.

刘近贞,叶方方,熊慧,2021.基于卷积神经网络的多类运动想象脑电信号识别[J].浙江大学学报(工学版),55(11):2054-2066.

王跃飞,马伟丽,王文康,等,2022.基于生理特征映射的驾驶员情绪在线识别模型构建方法[J/OL].机械工程学报:1-12.[2022-03-16].http://kns.cnki.net/kcms/detail/11.2187.TH.20220301.1132.003.html.

钟文潇,安兴伟,狄洋,等,2021.基于脑电信号的身份特征提取方法研究综述[J].生物医学工程学杂志,38(6):1203-1210.

AL MACHOT F,ELMACHOT A,ALI M,et al.,2019. A deep-learning model for subject-independent human emotion recognition using electrodermal activity sensors[J]. Sensors,19(7):1659.

BIZZEGO A,GABRIELI G,ESPOSITO G,2021. Deep neural networks and transfer learning on a multivariate physiological signal dataset[J]. Bioengineering,8(3):35.

BREIMAN L,2001. Random Forests[J]. Machine Learning,45,5-32.

CALLEJAS-CUERVO M,GONZÁLEZ-CELY A X,BASTOS-FILHO T,2020. Control systems and electronic instrumentation applied to autonomy in wheelchair mobility: the state of the art[J]. Sensors,20(21):6326.

CHEN H,SONG Y,LI X,2019. A deep learning framework for identifying children with ADHD using an EEG-based brain network[J]. Neurocomputing,356:83-96.

DOMÍNGUEZ-JIMÉNEZ J A,CAMPO-LANDINES K C,MARTÍNEZ-SANTOS J C,et al.,2020. A machine learning model for emotion recognition from physiological signals[J]. Biomedical Signal Processing and Control,55:101646.

FAUST O,HAGIWARA Y,HONG T J,et al.,2018. Deep learning for healthcare applications based on physiological signals:A review[J]. Computer Methods and Programs in Biomedicine,161:1-13.

GAL V, BANERJEE S, RAD D V, 2017. Identifying emotion pattern from physiological sensors through unsupervised EMDeep model[J]. Journal of Intelligent and Fuzzy Systems. 38(2): 1-19.

IBRAHIM S, DJEMAL R, ALSUWAILEM A, 2018. Electroencephalography (EEG) signal processing for epilepsy and autism spectrum disorder diagnosis[J]. Biocybernetics and Biomedical Engineering, 38(1): 16-26.

LAVIN A, GRAY S, 2016. Fast algorithms for convolutional neural networks[J]. arXiv: 27-30.

LECUN Y, BENGIO Y, HINTON G, 2015. Deep learning[J]. Nature, 521(7553): 436-444.

LI Y, PANG Y, WANG J, et al., 2018. Patient-specific ECG classification by deeper CNN from generic to dedicated[J]. Neurocomputing, 314: 336-346.

LIU X, LV L, SHEN Y, et al., 2021. Multiscale space-time-frequency feature-guided multitask learning CNN for motor imagery EEG classification[J]. Journal of Neural Engineering, 18(2): 26003.

NAIK G R, SELVAN S E, GOBBO M, et al., 2016. Principal component analysis applied to surface electromyography: A comprehensive review[J]. IEEE Access, 4: 4025-4037.

OSKOEI M A, HUOSHENG HU, 2008. Support vector machine-based classification scheme for myoelectric control applied to upper limb[J]. IEEE Transactions on Biomedical Engineering, 55(8): 1956-1965.

PEIMANKAR A, PUTHUSSERYPADY S, 2021. DENS-ECG: A deep learning approach for ECG signal delineation[J]. Expert Systems with Applications, 165: 113911.

POSADA-QUINTERO H F, BOLKHOVSKY J B, 2019. Machine learning models for the identification of cognitive tasks using autonomic reactions from heart rate variability and electrodermal activity[J]. Behavioral Sciences, 9(4): 45.

QI J, JIANG G, LI G, et al., 2019. Intelligent human-computer interaction based on surface emg gesture recognition[J]. IEEE Access, 7: 61378-61387.

RASHID M, SULAIMAN N, MUSTAFA M, et al., 2016. The classification of EEG signal using different machine learning techniques for BCI application[G]//KIM J-H, MYUNG H, LEE S-M. Robot Intelligence Technology and Applications. Singapore: Springer Singapore, 1015: 207-221.

SHERSTINSKY A, 2020. Fundamentals of Recurrent Neural Network (RNN) and Long Short-Term Memory (LSTM) network[J]. Physica D: Nonlinear Phenomena, 404: 132306.

SONG T, ZHENG W, SONG P, et al., 2020. EEG emotion recognition using dynamical graph convolutional neural networks[J]. IEEE Transactions on Affective Computing, 11(3): 532-541.

SUN Y, XU C, LI G, et al., 2020. Intelligent human computer interaction based on non redundant EMG signal[J]. Alexandria Engineering Journal, 59(3): 1149-1157.

TOLEDO-PÉREZ D C, RODRÍGUEZ-RESÉNDIZ J, GÓMEZ-LOENZO R A, et al. , 2019. Support vector machine-based EMG signal classification techniques: A review[J]. Applied Sciences,9(20):4402.

VEDALDI A, LENC K,2018. MatConvNet: Convolutional neural networks for MATLAB[C]// Proceedings of the 23rd ACM international conference on Multimedia. Brisbane Australia: ACM: 689-692.

WANG S, LI R, WANG X, et al. ,2021. Multiscale residual network based on channel spatial attention mechanism for multilabel ECG classification[J]. Journal of Healthcare Engineering: 1-13.

WEN Z, XU R, DU J,2017. A novel convolutional neural networks for emotion recognition based on EEG signal[C]//2017 International Conference on Security, Pattern Analysis, and Cybernetics (SPAC). Shenzhen: IEEE:672-677.

WU J,2017. Introduction to convolutional neural networks[J]. National Key Lab for Novel Software Technology,5(23):495.

YILDIRIM Ö,2018. A novel wavelet sequence based on deep bidirectional LSTM network model for ECG signal classification[J]. Computers in Biology and Medicine,96:189-202.

YIN Z, ZHAO M, WANG Y, et al. ,2017. Recognition of emotions using multimodal physiological signals and an ensemble deep learning model[J]. Computer Methods and Programs in Biomedicine,140:93-110.

ZHANG Q, CHEN X, ZHAN Q, et al. ,2017. Respiration-based emotion recognition with deep learning[J]. Computers in Industry,7(11):84-90.

ZHANG X, WANG W, LIU Q, et al. ,2018. An artificial neuron based on a threshold switching memristor[J]. IEEE Electron Device Letters,39(2):308-311.

第5章 设计辅助应用案例

5.1 跑步机人机界面设计

本节介绍一种基于眼动信号的跑步机交互界面可用性评估与设计研究。家用跑步机在不断发展的同时也推出了复杂的功能,这些功能虽然满足了用户跑步外的其他需求,却带来了操作方面的问题。为了进一步提升用户使用跑步机时的体验,本节采用基于眼动信号的可用性评估方法对家用跑步机的操作界面进行人机交互研究,旨在设计出使用便捷、舒适的人机交互界面。研究给出了家用跑步机的界面设计建议,并说明了眼动信号在设计辅助过程中的评估作用。

5.1.1 研究背景

可用性是指用户在使用、学习、理解产品(包括任何软、硬件产品)时的难易程度。可用性评估可用来测试用户在使用产品过程中的效率及满意度,衡量用户是否能较好地使用该产品的功能,即产品是否达到可用性标准。研究中,跑步机的可用性评估通过相关测试方法(可用性测试时需建立一个特定使用场景,代表性用户在此场景下按照要求进行典型操作)展示了跑步机的使用方法与典型使用流程,针对评估结果为人机界面的改进提供建议与方案。

可用性评估方法主要包括基于主观评估的观察记录法、问卷调查法等,也有更为客观、精确的客观评估方法,如眼动跟踪技术、肌电分析等,本节选取客观生理信号中的眼动分析。眼动仪用于记录人在处理视觉信息时的眼动轨迹特征,广泛应用于心理学、注意力、认知学以及人机界面等众多领域。在人机界面应用方面,眼动仪可以在用户使用界面的交互过程中获取并记录用户的眼动信息。通过分析注视点轨迹、注视时间及注视率等客观数据,不仅可以研究用户的视觉信息加工机制、探索用户心理活动,还可以作为客观方法测试人机界面的可用性。

跑步机人机界面包括传统功能(跑速调节、坡度调节、时间调节等主要功能)与新功能(心率测量、歌曲播放、音量调节等辅助功能),可满足用户多样性的需求,但复杂的功能对人机界面的可用性提出了更高要求。在研究跑步机功能的同时,跑步机人机界面设计也不断受到关注。林能涛等(2014)通过调研特殊人群对跑步机的使用特性和认知习惯,结合通用设计方法,提出了人机界面的设计策略;贾志涛(2010)使用人性化的设计原则,基于人机工程学,重新设计、排布功能键区域,旨在设计出高效与舒适的操作界面;王晶(2007)通过简化人机界面操作程序,达到使用舒适、操作方便的设计目的,使界面的操作合乎逻辑,便于老年人的无障碍操作。已有文献针对跑步机人机界面的可用性评估多采用调查问卷等主观评估方法,少有涉及眼动跟踪等客观评估方法。

5.1.2 研究方法

5.1.2.1 主客观多维可用性评估方法

本节采用主客观结合的可用性评估方法对用户与跑步机之间的人机界面交互进行评估。其中,客观可用性评估方法采用基于眼动跟踪技术测量的眼动指标(注视点、平均注视时间)以及行为指标(任务完成时间、任务成功率)进行分析;主观可用性评估方法采用基于用户主观评价的问卷调查方法。

1. 客观可用性评估方法

客观可用性评估方法采用基于眼动跟踪技术测量的眼动指标和行为指标。眼动指标包括注视点数,即被试视线停留在某个区域的次数,用来表征被试对该区域的关注程度以及兴趣程度,该指标数值越大,表示该区域具有更大的关注程度;平均注视时间,即完成各项任务中单个注视点的平均停留时间,第 n 个任务的平均注视时间可表示为:

$$\overline{T} = \sum_{i=1}^{j} (t_i)_n / j \qquad (5.1)$$

其中,$(t_i)_n$ 表示第 n 个任务中第 i 个注视点的停留时间,j 为第 n 个任务中的注视点数。该指标数值越大,表示该区域越难获取信息。行为指标包括任务完成时间,即实验中完成每个任务的时间和完成所有任务的时间;任务成功率,即成功完成任务的被试人数与总被试人数的比值。

2. 主观可用性评估方法

被试眼动实验完成后,进行主观问卷调查,内容如下。

（1）人机界面中各项功能元素是否表示清晰。

（2）完成任务时是否便捷。

（3）人机界面美观程度。

（4）使用过程整体满意度。

问卷采用 5 级量表：1 表示非常不满意，2 表示不满意，3 表示一般，4 表示满意，5 表示非常满意。进行用户访谈明确实验中遇到的操作问题，为跑步机人机界面设计提供建议。

5.1.2.2　跑步机人机界面可用性评估实验

实验筛选了共 13 名视力正常（裸眼或矫正视力达到 1.0 以上，无高度近视）的被试，7 名男性，6 名女性，年龄范围为 26～31 岁。所有被试均有跑步机健身经验。挑选市场上主流的 3 款跑步机的人机界面作为实验的评估样本（见图 5.1）（卢纯福等，2017），跑步机均由显示屏和按键区两大功能区组成。显示屏主要显示速度、时间、心率等运动信息以及视频内容；按键区主要有速度调节、声音调节、停止、开始、紧急停止等功能键。

(a)界面1　　　　　　　　(b)界面2　　　　　　　　(c)界面3

图 5.1　市场上主流的 3 款跑步机的人机界面

眼动数据采集。实验采用的眼动仪为 SMI iView X™ HED 型移动式眼动跟踪系统，被试在移动或固定条件下测查凝视位置和瞳孔大小，采样率为 60Hz。佩戴该眼动仪后活动不受任何限制，适合跑步机运动实验。被试在实验中的数据采集如图 5.2 所示。实验前，被试头戴眼动仪，视距约为 75cm（眼睛和操作界面之间的距离），自然站立在跑步机上。实验开始后，被试按照实验任务依次进行操作，同时记录眼动数据。实验任务共有 6 项，如表 5.1 所示（卢纯福等，2017）。

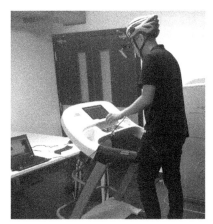

图 5.2　实验场景

表 5.1　实验任务描述

任务编号	任务描述	按键操作	任务编号	任务描述	按键操作
任务 1	开始跑步	按"开始"键	任务 4	音量加 2	按"音量加"键
任务 2	加速度至 8 档	按"速度加"键	任务 5	音量减 2	按"音量减"键
任务 3	减速度至 4 档	按"速度减"键	任务 6	停止跑步	按"停止"键

实验流程(见图 5.3)如下。

(1)佩戴设备并进行设备校准、调整视距。

(2)帮助被试熟悉 3 款跑步机功能及操作界面。

(3)观察眼动数据无误后,开始记录眼动数据,分别在 3 款跑步机上按顺序进行操作任务。

(4)眼动实验结束后,进行主观可用性评估,包括被试问卷调查和实验员用户访谈。

(5)结合主客观评价实验结果,提出跑步机人机界面改进建议。

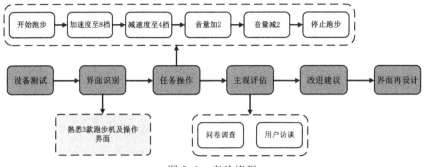

图 5.3　实验流程

5.1.3　研究结果与分析

5.1.3.1　客观可用性评估结果及分析

1.眼动指标分析

　　所有被试完成实验任务,视觉停留在显示屏和按键区的平均注视点数如表5.2所示。结果显示,界面1和界面2的三项数据较接近,均高于界面3;界面2具有最高注视点数,表明界面1和界面2受到的关注程度更高。虽然实验中6项任务的操作均位于按键区,但是界面1和界面2中显示屏的注视点数仍占总注视点数的50%左右,表明被试对显示屏区域具有更高的关注程度。

表 5.2　所有被试在显示屏和按键区的平均注视点数　　　(单位:个)

界面编号	显示屏	按键区	平均注视点数
界面 1	13.47	14.32	27.79
界面 2	12.92	15.91	28.83
界面 3	7.30	12.03	19.33

　　所有被试完成各项实验任务的平均注视时间如表5.3所示。结果显示,界面1和界面2的各项任务数据较接近,均低于界面3,表明界面1和界面2的操作更为便捷。界面2在完成实验任务时具有最少的平均注视时间,并且在三个界面中,任务2~5的平均注视时间均高于任务1和任务6,表明调节跑速和音量操作的界面信息获取难于开始和停止操作。

表 5.3　所有被试完成各项实验任务的平均注视时间　　　(单位:ms)

界面编号	任务编号						平均值
	任务 1	任务 2	任务 3	任务 4	任务 5	任务 6	
界面 1	133.32	166.91	174.93	185.83	144.61	143.83	158.24
界面 2	130.04	167.38	153.02	144.29	133.74	121.67	141.69
界面 3	198.34	245.24	249.31	263.62	253.02	205.61	235.86

2.行为指标分析

　　所有被试完成各项实验任务的平均任务完成时间和任务成功率如表5.4和表5.5所示。结果显示,界面1和界面2的各项任务的完成时间和成功率较接近,均高于界面 3,表明界面 1 和界面 2 的操作时间更短、成功率更高。界面 2 在完成实验任务时具有最少的平均任务完成时间和最高的任务成功率,并且在三个界面中,任务 2～5 的平均任务完成时间均高于任务 1 和任务 6,表明调节跑速和音量的操作耗时大于开始和停止操作的耗时;任务 2～5 的成功率均低于任务 1 和任务 6,表明调节跑速和音量的成功率低于开始和停止的成功率。

表 5.4　所有被试完成各项实验任务的平均任务完成时间　　（单位:ms）

界面编号	任务编号						总耗时
	任务 1	任务 2	任务 3	任务 4	任务 5	任务 6	
界面 1	889.72	992.44	1124.72	1363.31	968.34	749.72	6088.25
界面 2	774.22	980.27	969.32	1130.35	1093.72	690.93	5638.81
界面 3	1023.35	1432.12	1225.27	1328.77	1391.81	1128.90	7530.22

表 5.5　所有被试完成各项实验任务的任务成功率　　（单位:%）

界面编号	任务编号						平均值
	任务 1	任务 2	任务 3	任务 4	任务 5	任务 6	
界面 1	100	92.31	84.62	100	100	100	96.16
界面 2	100	100	100	92.31	100	100	98.72
界面 3	100	76.92	84.62	84.62	92.31	100	89.75

5.1.3.2　主观可用性评估结果及分析

眼动实验结束后,对被试进行主观可用性评估。首先,通过问卷调查方法对功能元素清晰程度、完成任务便捷程度、人机界面美观程度、整体满意程度四项问题进行量表调查,所有被试的平均结果如图 5.4 所示。其中,在功能元素清晰程度、完成任务便捷程度和整体满意度三项问题中,界面 2 得分值均最高(分别为 4.25 分、4.18 分和 4.21 分),与客观可用性评估结果相符;在人机界面美观程度中,界面 1 的分值最高(4.33 分)。

问卷调查后,实验员对被试进行用户访谈,明确实验中遇到的操作问题。反馈的主要问题如下。

(1)调节跑速和音量的按键太相似,容易按错。

(2)显示屏和按键区距离较远,使用不方便。

（3）除运动信息外，显示屏缺少生理信息（心率等）的显示。

（4）界面排布不够合理，未对不同功能进行分区。

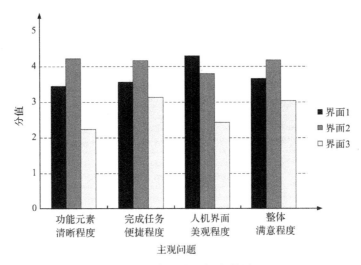

图 5.4　被试主观问卷结果

5.1.3.3　再设计方案

基于主客观多维可用性评估结果，提出跑步机人机界面改进建议如下。

（1）显示屏和按键区合二为一，由于显示屏的关注程度较高，按键区往往会排除于视觉中心之外，将两者放于同一区域，便于按键操作。

（2）跑速和音量功能合理设计，两者的操作容易混淆，可通过文字、色彩、图案进行区分。

（3）跑速及音量可视化显示，在两者的按键区增加跑速条和音量条，实时显示跑速和音量，无须在显示屏中查看。

（4）增加生理信息显示，除运动信息外，在显示屏中再增加心率、卡路里消耗、体脂测量等生理信息，并在播放视频等娱乐功能时也能实时显示。

（5）优化界面布局，按照视觉习惯及功能的重要程度设计界面。

根据以上建议，对跑步机人机界面进行再设计，如图 5.5 所示（卢纯福等，2017）。

图 5.5　跑步机人机界面再设计

5.1.4　本节小结

随着跑步机需求的不断增加,如何设计出操作便捷的人机界面已经成为研究热点。本节采用主客观多维可用性评估方法对用户与跑步机之间的人机界面进行测量,并通过实验结果分析及相应改进建议,设计获得更优的跑步机人机界面方案。构建的主客观多维可用性评估方法,不仅适用于跑步机人机界面的评价与改进,还适用于其他健身器材操作界面的通用设计,为人机交互界面设计的测量体系提供了理论基础与实践方法。

5.2　儿童安全座椅设计

本节研究儿童安全座椅使用时座椅与背部、臀部接触区域的舒适性,为儿童安全座椅的人机设计提供理论支撑。招募多名健康儿童参与实验,测试三款不同儿童安全座椅上的压力数据,结合舒适性主观测试绘制压力与舒适性图像,以区分验证舒适与不适的区域。研究结果表明,4～8岁儿童在乘坐安全座椅时,材质软、包裹性强的安全座椅可贴合人体形态,从而使他们获得更高的舒适度,更适合儿童。实验以座椅的压力数据作为人机设计的理论依据,体现了生理计算在产品设计辅助过程中的重要作用。

5.2.1　研究背景

在座椅舒适性的相关研究中,目前多采用压力实验对被试舒适性与座椅设计关系进行判断和识别研究,也有采用测量压力-疼痛阈值的方式来评估座椅上人体不同接触区域(臀部、背部及肩部)的舒适性差异。

目前关于舒适性研究的方法与案例较多,但其主要面向成年人汽车座椅或办公座椅。而与儿童安全座椅相关的研究以提升家长安全意识及座椅结构方面的安全性验证为主,极少涉及儿童座椅的舒适性研究。Fong 等(2015)使用视频评估法(discomfort avoidance behaviour, DAB)量化了儿童在乘坐不同座椅时的一系列不适行为的结果,发现儿童使用安全座椅的舒适感与父母是否正确使用儿童安全座椅的行为之间有显著关联。Wilfinger 等(2011)则认为,如何应对儿童乘车时的"无聊感"是父母和孩子最关注的问题之一。Zuckerman 等(2014)为解决这个问题设计了一款名为 Mileys 的娱乐 APP,该 APP 基于汽车行驶时的位置信息,通过虚拟现实展现车内外环境,供儿童与家长互动娱乐,从而增强家庭情感,提升儿童乘坐舒适体验。在探究儿童座椅舒适性的研究中,由于儿童的主观意识与表达能力均弱于成年人,难以探寻其真实的想法与感受,因此儿童座椅的舒适性研究中需要一种更加客观、准确的指标作为代替主观感受数据的方案。

实验对儿童在不同角度、不同软硬度、不同造型的儿童安全座椅中的乘坐体验进行探究,采集并分析实验压力数据,探讨在自然姿势下,界面压力分布、峰值压力等对座椅舒适性的影响,以及人体与坐面、靠背接触区域的舒适性差异,为未来儿童安全座椅软包的设计提供客观生理信号的理论支撑。

5.2.2　研究方法

5.2.2.1　研究对象

实验选择年龄在 4～8 岁(据统计,该年龄段的儿童处于交通事故高发段)、体重在 25kg 以下的健康儿童作为被试。研究对象具备一定逻辑思维能力,对待事物有自己的主观意识,能明确辨别好与坏,且能给予相应的反馈。采集到的被试基础数据如表 5.6 所示。

表 5.6　被试基础数据

测试指标	S1	S2	S3	S4	S5	S6	S7	S8	最小值	最大值	平均值±标准差
性别	男	女	男	女	男	男	女	女	——	——	——
年龄/岁	6	5	8	7	6	6	4	8	4	8	6.25±1.39
身高/cm	113	95	114	117	100	108	103	125	95	125	109±10
体重/kg	20.95	12.50	20.00	20.00	15.00	18.00	10.00	22.00	10.00	22.00	17.31±4.34
肩宽/cm	31	23	37	31	24	27	21	28	21	37	28±5
腰宽/cm	20	19	24	20	19	19	16	20	16	24	20±2
臀宽/cm	22	21	25	24	22	21	18	21	18	25	22±2
大腿长/cm	19	14	17	18	15	17	11	20	11	20	16±3

5.2.2.2　实验仪器

采用美国 Tekscan 体压分布测量系统进行数据采集,原始信号的数字输出范围在 0～255(0 为无压力,255 为最大压力值),实验设备如图 5.6 所示(卢纯福等,

2017)。实验根据不同角度、不同造型、不同软硬度选择三款适合 4～8 岁儿童乘坐的儿童安全座椅,如图 5.7 所示(这些座椅具有头枕可上下调节、自带 ISOFIX 接口、内置五点式安全带卡扣等共同点)(卢纯福等,2017)。

图 5.6 儿童座椅(左)与压力垫(右)

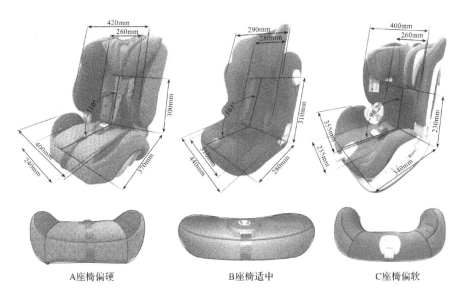

A座椅偏硬　　　　　　　　B座椅适中　　　　　　　　C座椅偏软

图 5.7 三款儿童安全座椅(B 座椅头枕设置为最低档位)

实验前进行一次预实验,发现五点式安全带卡扣底端位于儿童裆部会使压力垫无法平铺,因此拆除三款座椅中的五点式安全带卡扣。座椅骨架的材料均为塑料,注塑开模,整体较为坚固耐用。三款座椅结构与尺寸参数如表 5.7 所示(三款座椅造型、坐面-靠背夹角、软硬均存在差异)。为了获得不同区域的压力分布情况,研究采用柔性压力测量垫,先后放置在臀部及背部区域进行实验。

表 5.7　三款座椅结构及尺寸

座椅	结构							尺寸/mm							角度/°
	固定接口	五点卡扣	头枕调节	前后倾斜	折叠	脚踏	智能硬件	靠背外宽	靠背内宽	靠背外高	靠背内高	坐面外宽	坐面内宽	坐面进深	坐面靠背角度
A	√	√	√	×	√	×	×	420	260	500	300	400	240	370	110
B	√	√	√	×	×	×	×	390	280	390	310	440	310	280	103
C	√	√	√	√	×	×	×	400	260	480	230	355	235	340	98.2

注:靠背外高的尺寸测量标准为从座椅正面的靠背顶端到坐面的垂直距离;内高的尺寸测量标准为将头枕调节至最低后,从头枕最低处到坐面的垂直距离。

5.2.2.3　实验方法

实验流程如下。

(1)测试前,告知被试将会询问其有关舒适性的问题,要求被试坐在有压力测量垫的儿童安全座椅中(使用顺序随机),系上五点式安全带及卡扣。

(2)先对背部压力进行测量,要求保持自然姿势,持续 10min,待压力分布相对稳定后开始记录。

(3)测试完毕后,让被试休息 10min,然后将测量垫放置在儿童安全座椅的坐面上测量臀部,保持自然姿势,持续 10min。

(4)测试完毕后,让被试休息 10min,对另外两款儿童座椅重复进行实验。

(5)在两组实验结束后询问被试:"和上一款座椅相比,哪款座椅坐着更舒适?"防止被试因转移注意力而难以分辨,结束时让被试指出最舒适和最不舒适的座椅,答案作为辅助分析。

待被试入座压力图形趋于稳定后,立即存储界面压力分布图像,将该组数据定义为"瞬时"数据;接着再进行 10min 的测试并录制压力变化影像,将该组数据定义为"长时(10min)"数据,包括被试的界面压力分布、峰值压力等数据。数据收集完成后,导出 ASCII 格式文档作为数据处理及统计分析的基础。实验完成后,结合压力数据与主观评分得到合理的界面压力分配方案;通过绘制坐面压力-舒适性矩阵图像,进一步分析瞬时压力、长时压力与舒适性之间的联系,得出三款座椅界面压力的具体分布情况。完整实验耗时约 60min。

5.2.3　研究结果与讨论

5.2.3.1　臀部区域

待被试入座界面压力稳定后,立即记录臀部区域的数据,保存此时的压力数据并记录峰值压力,计算的平均值与标准差如表 5.8 所示。其中,C 款座椅标准差最小,A 款座椅标准差最大,说明 C 款座椅的舒适性最稳定,A 款座椅舒适性最不稳定,B 款座椅介于两者之间,这与先前的假设一致;对三款座椅峰值压力进行 t 检验,结果表明,A 款座椅与其他两款座椅均无显著差异($P>0.05$),B 款和 C 款椅具有显著差异($P<0.05$)。被试主观舒适性评价如图 5.8 所示。三款座椅中,C 款座椅最舒适(S1、S2、S5、S6、S7,5 人),A 款座椅最不舒适(S2、S4、S5、S6,4人),B 款座椅介于两者之间(S2、S5、S6,3 人),与界面压力测量结果相符。

表 5.8　稳态记录的峰值压力　　　　　　　　　（单位:Raw）

座椅	S1	S2	S3	S4	S5	S6	S7	S8	平均值±标准差
A	142	216	145	162	255	147	174	133	171.75±42.60
B	222	183	255	165	255	238	178	230	215.75±35.64
C	136	126	160	144	179	140	152	164	150.13±17.11

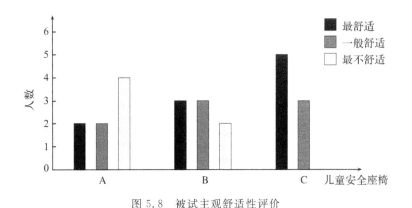

图 5.8　被试主观舒适性评价

1. 瞬时压力与舒适性关联分析

人坐在椅子上处于一种动态稳定状态,通过不断轻微地调整姿势来消除脊柱的不舒适性。同时,坐骨结节和臀部肌肉承受着人体自身的质量负荷,长时间的坐姿会引起肌肉疲劳。先前已有研究证明界面压力和舒适性之间具有关联性。采集设备软件界面中的压力图像颜色深浅体现了局部压力的大小,浅色代表该区域承受压力较大,深色代表该区域压力较小。整合儿童入座稳定后所记录的界面压力分布图像,以 A 款座椅为例,八个被试经测试得到八张界面压力分布图像,再统一降低图像透明度至 50% 并叠加重合在一起,重新绘制压力-舒适性矩阵图像(见图 5.9)。

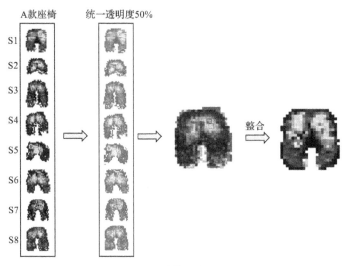

图 5.9　图像整合过程

三款儿童安全座椅的压力分布图像整合(瞬时)如图 5.10 所示,可以清晰地观察到其中的区别。A 款座椅材质在三款座椅中最硬、坐面最平整、坐面-靠背夹角

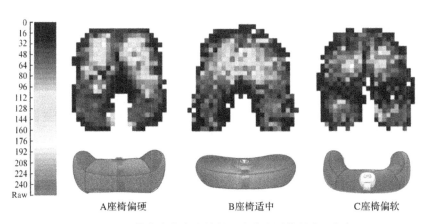

图 5.10　三款儿童安全座椅的压力分布图像整合(瞬时)

最大(110°),压力显著分布在臀部两侧坐骨结节区域;B款座椅材质的软硬介于另外两款座椅之间,坐面造型呈现轻微内凹弧面,两侧没有防护装置,坐面-靠背夹角介于另外两款座椅之间(103°),压力显著分布在臀部中间骶椎区域;C款座椅材质最软,整个坐面造型具有很强包裹性,坐面-靠背夹角最小(98.2°),与A款座椅相似,压力分布在臀部两侧坐骨结节区域且整体压力分布较A款和B款座椅更加柔和均匀,与前文分析结果一致。

2. 长时压力与舒适性关联分析

实验要求被试在自然姿势下乘坐儿童安全座椅,随着时间的推移,儿童可能会因为安全座椅不适而变换姿势。压力数据变化的原因有肌肉收缩,韧带活动会使脊柱弯曲和直立,当座椅位置不是最佳状态时,需要更多的肌肉活动来稳定,从而导致椎间盘压力明显增大。

在 Tekscan 系统中分析所有被试的压力图像,设置条件为"峰值压力"与"时间",每间隔40s取该时间点前后2s的峰值压力值并记录(每个时间点记录五个数值),初始时间0s与结束时间600s分别对应0~4s和596~600s,计算每个时间点的平均值(如图5.11~5.14所示)。

统计以上数据可知,C款座椅的压力增长趋势较A款和B款座椅更低。仅从趋势图上看,三款座椅在前80s更稳定,但观察并对比0~80s与80~600s峰值压

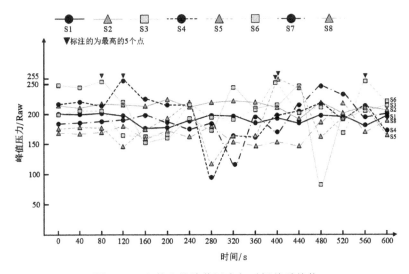

图5.11　A款座椅峰值压力与时间关系趋势

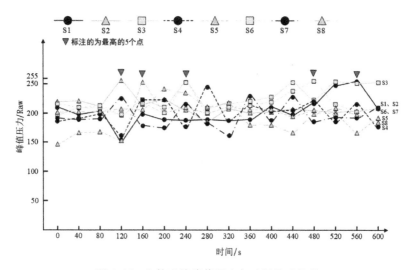

图 5.12 B 款座椅峰值压力与时间关系趋势

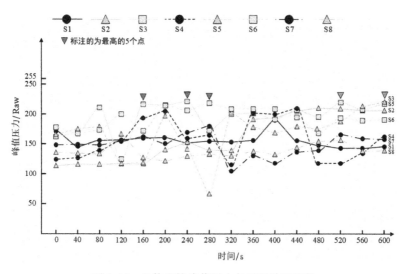

图 5.13 C 款座椅峰值压力与时间关系趋势

力数据发现,A 款和 C 款座椅无显著差异($P>0.05$),B 款座椅与 A 款和 C 款座椅之间均具有显著差异($P<0.05$);计算三款座椅的峰值压力均值和标准差,如图 5.14 所示,C 款座椅在 80s 之后各时间点的标准差较大,而 B 款座椅相对较小。说明在 10min 的测试中,B 款座椅更具稳定性,且所有被试在前 80s 更稳定;80s 后出现波动,C 款座椅最不稳定,A 款座椅介于两者之间,这与之前对被试的"瞬时"压

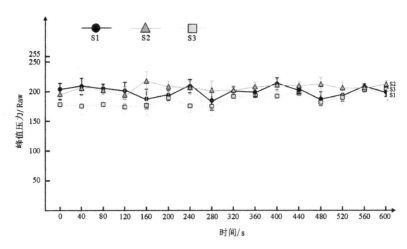

图 5.14　三款座椅峰值压力与时间关系总趋势(平均值)

力(C>A>B)分析不同,说明时间对峰值压力具有影响。两两对比三款座椅的平均值,得出三款座椅间均具有显著差异(A-B:$P<0.05$;A-C:$P<0.001$;B-C:$P<0.001$)。

从图 5.13 中取最高的五个峰值压力点(已作标记)作为"坐面压力-舒适性矩阵图"分析的基础,与前面的方法相同,三款座椅分别提取五张界面压力图像进行整合。图 5.13 中五个峰值压力点坐标依次为:(S3,80s)(S4,120s)(S5,400s)(S6,400s)(S6,560s);(S2,120s)(S5,40s)(S3,240s)(S6,480s)(S1,560s);(S3,160s)(S3,240s)(S6,280s)(S3,520s)(S5,600s)。三款儿童安全座椅的压力分布图像整合(10min)如图 5.15 所示,可以明显看到三款座椅的区别。与前文对"瞬时"图像的分析结果一致,A 款座椅由于其较硬的质地,压力显著分布在臀部两侧坐骨结节区域,且呈"高压"状态,存在不合理的压迫。B 款座椅材质的软硬介于另外两款座椅之间,"高压"同样以坐骨结节区域为主,但较 A 款座椅更居中,周围区域压力扩散不均匀,这与之前"瞬时"图像不同("高压"高度居中且看不清坐骨结节位置),大腿下部也有较为显著的压力区域,整体较另外两款座椅更加"不稳定"。这说明儿童在乘坐 B 款座椅时,臀部在感受到不适的同时大腿下部也同样感受到不适。C 款座椅质地最软,与 A 款座椅相似,压力分布在臀部两侧坐骨结节区域且整体压力分布较 A 款和 B 款座椅更加柔和,臀型轮廓更明显,呈现出最优界面压力分布。

有研究显示,大腿不适与坐面-靠背夹角有关,坐面进深是大腿支撑的重要决

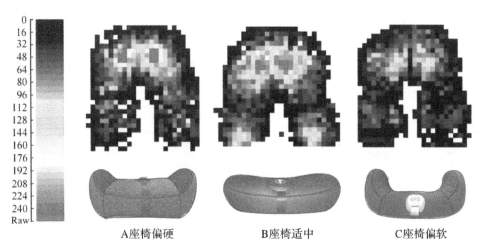

图 5.15　三款儿童安全座椅的压力分布图像整合(10min)

定因素之一。实验选择的儿童安全座椅虽然具有不同角度,但是从实验过程及结果难以察觉其对儿童整体舒适性的影响,坐面-靠背的角度对大腿舒适性的影响也是模糊的。然而研究人员从儿童的压力分布图像中发现,坐面进深尺寸可能是影响大腿舒适性的因素之一。A、B、C 三款座椅坐面进深尺寸分别为 370mm、280mm、340mm,B 款座椅与其他两款座椅坐面进深尺寸分别相差 90mm 和50mm,图 5.15 中 B 款座椅呈现的压力分布图像可以说明,被试乘坐该款座椅时并未得到合理的大腿支撑,A 款和 C 款座椅的坐面舒适性高于 B 款座椅。

5.2.3.2　背部区域

当压力垫放置在靠背区域时,所呈现的数据非常有限。将一块三角形腰枕放置在被试腰后(腰枕为购买儿童安全座椅时的附带物件),仅腰部下方呈现出稀少且不规则的压力分布图像,肩部区域没有数据显示,因此不再对背部区域进行统计学分析,如图 5.16 所示。

通过测试分析可知,在"瞬时"压力分布图像中,A 款座椅最不舒适,在"长时"压力分布图像中,C 款座椅最不舒适。但这仅仅是对臀部区域的测试和分析,遗憾的是背部区域并未测出数据,这与被试在乘坐过程中所参与的活动有关,这些活动使儿童的头部相对于躯干前倾。尽管儿童被研究人员引导使其背部紧贴靠背,但仍然没有可靠的数据显示,这与 Osvalder 等(2013)的结果一致,表明这三款儿童安全座椅的靠背设计并不贴合人机形态,无法实现包裹感。

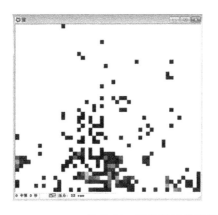 

图 5.16　背部区域界面压力分布(左)和三角腰枕(右)

5.2.4　本节小结

本节基于国内外成年人和儿童关于压力分布、疼痛阈值等方面的研究,将可行性较高的压力测试用于儿童的舒适性研究,提出一种整合图像的方法:通过提取时间节点绘制峰值压力与时间的关系趋势图,并对分析结果进行讨论与总结。

基于研究结果得到了以下规律:材质偏软、包裹性强的安全座椅更贴合人机形态,舒适性更高;随着时间的变化,儿童的乘坐舒适性具有一定规律,该方法有效且具有可行性;儿童对座椅的舒适性判断一定程度取决于儿童的第一印象。这些因素为今后儿童安全座椅的设计提供了新的创新点,帮助企业进一步改进产品的舒适性并增强交互体验。

由于实验在实验室进行,在还原真实场景上具有一定难度,今后的实验需要探究路况因素及车内环境因素对儿童乘坐舒适性的影响,以及同城出行与长途出行中不同时间长度对儿童乘坐舒适性的影响。另外,实验表明了针对缺乏主观意识与表达能力(如儿童等)的研究对象,基于生理信号的设计评估方法相对于主观评估方法来说更加客观有效。

参考文献

常方圆,2015.基于眼动仪的智能手机 APP 图形用户界面设计可用性评估[J].包装工程,36(8):
　　55-59.

范恒亮,王壮壮,2020.儿童安全座椅正面碰撞台车设计与试验研究[J].武汉轻工大学学报,39(2):100-104.

冯俊琳,方力,陆扬,等,2018.上海某社区部分3~6岁儿童乘车安全座椅使用现况[J].上海预防医学,30(11):937-942.

高岑,2019.跑步机产品交互性的研究[J].机械管理开发,34(10):75-78.

郭昊,严波,2020.基于依恋理论的儿童安全座椅色彩设计研究[J].工业设计(12):89-90.

郭昊,严波,2020.基于依恋理论的儿童安全座椅CMFP设计方法研究[J].西部皮革,42(22):58-60.

季惠,戎帆,张鹏程,2018.新型可调节宽度儿童安全座椅部件设计[J].无线互联科技,15(23):149-150,155.

贾志涛,2010.基于人性化的跑步机设计研究[D].武汉:武汉理工大学.

林能涛,苏智剑,乔帅,等,2014.健身器材控制界面的通用化设计[J].中国组织工程研究,18(42):6795-6799.

卢纯福,胡明艳,唐智川,等,2017.跑步机人机界面可用性评估及再设计研究[J].包装工程,38(22):1-5.

卢纯福,刘晓萍,唐智川,2021.儿童乘坐安全座椅压力—舒适性探究[J].包装工程,42(4):127-134.

吕孟宽,杨欣,许述财,等,2021.儿童安全座椅侧面碰撞头部保护研究[J].汽车工程,43(9):1360-1366.

田青,沈雪金,易国成,2019.汽车儿童安全座椅开发设计[J].新技术新工艺(10):40-43.

汪颖,吕富强,2017.基于眼动数据的ATM机界面可用性测试[J].人类工效学,23(1):48-54.

王晗,张建新,陈怀良,2013.儿童乘车安全现状及影响因素分析[J].现代预防医学,40(19):3597-3601,3607.

王晶,2007.中老年人家用健身产品界面研究与设计[D].武汉:湖北工业大学.

周腾娇,任钟鸣,2022.基于人机工程学的电动车儿童安全座椅问题研究[J].设计,35(1):132-135.

朱梁,2013.健康监测跑步机的研发[D].杭州:浙江理工大学.

朱宇哲,2015.跑步机人机交互界面研究[D].杭州:浙江工业大学.

主云龙,曹祥哲,2015.创造力培养模式下的概念跑步机设计[J].包装工程,36(16):57-60.

ALDERMAN B L, OLSON R L, MATTINA D M,2014. Cognitive function during low-intensity walking: a test of the treadmill workstation[J]. Journal of Physical Activity and Health,11(4):752-758.

ALESSANDRO N, SANDRO M,2009. Postural comfort inside a car: Development of an innovative model to evaluate the discomfort level[J]. SAE International Journal of Passenger Cars-Mechanical Systems,2(1):1065-1070.

APOSTOLICO A, CAPPETTI N, D'ORIA C, et al., 2014. Postural comfort evaluation: Experimental identification of range of rest posture for human articular joints[J]. International Journal on Interactive Design and Manufacturing (IJIDeM), 8(2): 109-120.

BARNARD L, YI J S, JACKO J A, et al., 2005. An empirical comparison of use-in-motion evaluation scenarios for mobile computing devices[J]. International Journal of Human-Computer Studies, 62(4): 487-520.

BARNARD L, YI J S, JACKO J A, et al., 2007. Capturing the effects of context on human performance in mobile computing systems[J]. Personal and Ubiquitous Computing, 11(2): 81-96.

BARNES S J, 2002. The mobile commerce value chain: Analysis and future developments[J]. International Journal of Information Management, 22(2): 91-108.

BINDERUP A T, ARENDT-NIELSEN L, MADELEINE P, 2010. Pressure pain sensitivity maps of the neck-shoulder and the low back regions in men and women[J]. BMC Musculoskeletal Disorders, 11(1): 234.

BREWSTER S, 2002. Overcoming the lack of screen space on mobile computers[J]. Personal and Ubiquitous Computing, 6(3): 188-205.

BRISTOW H W, BABER C, CROSS J, et al., 2004. Defining and evaluating context for wearable computing[J]. International Journal of Human-Computer Studies, 60(5-6): 798-819.

BUCKLE P, FERNANDES A, 1998. Mattress evaluation-assessment of contact pressure, comfort and discomfort[J]. Applied Ergonomics, 29(1): 35-39.

CARFAGNI M, FURFERI R, GOVERNI L, et al., 2013. A vane-motor automatic design procedure[J]. international journal on interactive design and manufacturing (IJIDeM), 7(3): 147-157.

DAVRANCHE K, HALL B, MCMORRIS T, 2009. Effect of acute exercise on cognitive control required during an eriksen flanker task[J]. Journal of Sport and Exercise Psychology, 31(5): 628-639.

DAVRANCHE K, MCMORRIS T, 2009. Specific effects of acute moderate exercise on cognitive control[J]. Brain and Cognition, 69(3): 565-570.

DI PARDO M, RICCIO A, SESSA F, et al., 2021. Methodology development for ergonomic analysis of work-cells in virtual environment[C/OL]. [2021-11-25]. https://www.sae.org/content/2008-01-1481/.

DIETRICH A, AUDIFFREN M, 2011. The reticular-activating hypofrontality (rah) model of acute exercise[J]. Neuroscience & Biobehavioral Reviews, 35(6): 1305-1325.

DIETRICH A, SPARLING P B, 2004. Endurance exercise selectively impairs prefrontal-dependent cognition[J]. Brain and Cognition, 55(3): 516-524.

DIETRICH A,2003. Functional neuroanatomy of altered states of consciousness: The transient hypofrontality hypothesis[J]. Consciousness and Cognition,12(2):231-256.

DUNLOP M, BREWSTER S,2002. The challenge of mobile devices for human computer interaction[J]. Personal and Ubiquitous Computing,6(4):235-236.

ELLEGAST R P, KRAFT K, GROENESTEIJN L, et al. ,2012. Comparison of four specific dynamic office chairs with a conventional office chair: impact upon muscle activation, physical activity and posture[J]. Applied Ergonomics,43(2):296-307.

EREN H, MAKINIST S, AKIN E, et al. ,2012. Estimating driving behavior by a smartphone [C/OL]//2012 IEEE Intelligent Vehicles Symposium. Alcal de Henares , Madrid, Spain: IEEE,2012:234-239. http://ieeexplore. ieee. org/document/6232298/.

ERIKSEN B A, ERIKSEN C W,1974. Effects of noise letters upon the identification of a target letter in a nonsearch task[J]. Perception & Psychophysics,16(1):143-149.

FASULO L, NADDEO A, CAPPETTI N,2019. A study of classroom seat (Dis)comfort: Relationships between body movements, center of pressure on the seat, and lower limbs' sensations [J]. Applied Ergonomics,74:233-240.

FONG C, BILSTON L, PAUL G, et al. ,2015. Is comfort important for optimal use of child restraints? [C]//Proceedings of the 24th International Technical Conference on the Enhanced Safety of Vehicles (ESV). National Highway Traffic Safety Administration (NHTSA):1-14.

FRANZ M, DURT A, ZENK R, et al. ,2012. Comfort effects of a new car headrest with neck support[J]. Applied Ergonomics,43(2):336-343.

HALL C D, SMITH A L, KEELE S W,2001. The impact of aerobic activity on cognitive function in older adults: A new synthesis based on the concept of executive control[J]. European Journal of Cognitive Psychology,13(1-2):279-300.

HAMILTON M T, HAMILTON D G, ZDERIC T W,2007. Role of low energy expenditure and sitting in obesity, metabolic syndrome, type 2 diabetes, and cardiovascular disease[J]. Diabetes,56(11):2655-2667.

HART S G, STAVELAND L E,2021. Development of nasa-tlx (task load index): Results of empirical and theoretical research[M/OL]//Advances in Psychology. Elsevier,1988:139-183 [2021-11-26]. https://linkinghub. elsevier. com/retrieve/pii/S0166411508623869.

HIAH L, SIDORENKOVA T, ROMERO L P, et al. ,2013. Engaging children in cars through a robot companion[C/OL]//Proceedings of the 12th International Conference on Interaction Design and Children. New York,USA: ACM:384-387.

HILLMAN C H, ERICKSON K I, KRAMER A F,2008. Be Smart, Exercise your heart: Exercise effects on brain and cognition[J]. Nature Reviews Neuroscience,9(1):58-65.

HOLZREITER S H, KÖHLE M E,1993. Assessment of gait patterns using neural networks [J]. Journal of Biomechanics,26(6):645-651.

HOSTENS I, PAPAIOANNOU G, SPAEPEN A,et al. ,2001. Buttock and back pressure distribution tests on seats of mobile agricultural machinery[J]. Applied Ergonomics,32(4):347-355.

HYÖNÄ J, RADACH R, DEUBEL H,2003. The Mind's Eye: Cognitive and Applied Aspects of Eye Movement Research[M]. Amsterdam; Boston: North-Holland.

IVORY M Y, HEARST M A,2001. The state of the art in automating usability evaluation of user interfaces[J]. ACM Computing Surveys,33(4):470-516.

JOHN D, BASSETT D, THOMPSON D, et al.,2009. Effect of using a treadmill workstation on performance of simulated office work tasks[J]. Journal of Physical Activity and Health,6(5):617-624.

KEE D, LEE I,2012. Relationships between subjective and objective measures in assessing postural stresses[J]. Applied Ergonomics,43(2):277-282.

KJELDSKOV J, STAGE J,2004. New techniques for usability evaluation of mobile systems[J]. International Journal of Human-Computer Studies,60(5-6):599-620.

KONG Y-K, KIM D-M, LEE K-S, et al.,2012. Comparison of comfort, discomfort, and continuum ratings of force levels and hand regions during gripping exertions[J]. Applied Ergonomics,43(2):283-289.

LEVINE J A, MILLER J M,2007. The energy expenditure of using a "walk-and-work" desk for office workers with obesity[J]. British Journal of Sports Medicine,41(9):558-561.

MOES N C C M,2007. Variation in sitting pressure distribution and location of the points of maximum pressure with rotation of the pelvis, gender and body characteristics[J]. Ergonomics,50(4):536-561.

NADDEO A, CALIFANO R, VINK P,2018. The effect of posture, pressure and load distribution on (Dis)comfort perceived by students seated on school chairs[J]. International Journal on Interactive Design and Manufacturing (IJIDeM),12(4):1179-1188.

NIU L, GAO Y-M, TIAN Y, et al.,2019. Safety awareness and use of child safety seats among parents after the legislation in shanghai[J]. Chinese Journal of Traumatology,22(2):85-87.

NORO K, NARUSE T, LUEDER R, et al.,2012. Application of zen sitting principles to microscopic surgery seating[J]. Applied Ergonomics,43(2):308-319.

OSVALDER A L, HANSSON I, STOCKMAN I, et al.,2013. Older children's sitting postures, behaviour and comfort experience during ride-A comparison between an Integrated Booster Cushion and a high-back booster[C]//Proceedings 2013 IRCOBI Conference, 11-13 September, Gothenburg, Sweden. 2013(IRC-13-105).

OU T Y, PERNG C, HSU S P, et al.,2015. The usability evaluation of website interface for mobile commerce website[J]. International Journal of Networking and Virtual Organisations,15(2/3):152.

PARK E, KIM K J,2014. Driver acceptance of car navigation systems: Integration of locational accuracy, processing speed, and service and display quality with technology acceptance model

［J］. Personal and Ubiquitous Computing,18(3):503-513.

PAUL G, DANIELL N, FRAYSSE F,2012. Patterns of correlation between vehicle occupant seat pressure and anthropometry[J]. Work,41:2226-2231.

PONTIFEX M B, HILLMAN C H,2007. Neuroelectric and behavioral indices of interference control during acute cycling[J]. Clinical Neurophysiology,118(3):570-580.

PUNCH S,2002. Research with children: The same or different from research with adults? [J]. Childhood,9(3):321-341.

SHIN G, ZHU X,2011. User Discomfort, Work posture and muscle activity while using a touchscreen in a desktop PC setting[J]. Ergonomics,54(8):733-744.

SIBLEY B A, BEILOCK S L,2007. Exercise and working memory: An individual differences investigation[J]. Journal of Sport and Exercise Psychology,29(6):783-791.

STRAKER L, LEVINE J, CAMPBELL A,2009. The effects of walking and cycling computer workstations on keyboard and mouse performance[J]. Human Factors: The Journal of the Human Factors and Ergonomics Society,51(6):831-844.

THORP A A, OWEN N, NEUHAUS M, et al. ,2011. Sedentary behaviors and subsequent health outcomes in adults[J]. American Journal of Preventive Medicine,41(2):207-215.

TOMPOROWSKI P D,2003. Effects of acute bouts of exercise on cognition[J]. Acta Psychologica,112(3):297-324.

VINK P, LIPS D,2017. Sensitivity of the human back and buttocks: the missing link in comfort seat design[J]. Applied Ergonomics,58:287-292.

WILFINGER D, MESCHTSCHERJAKOV A, MURER M, et al. ,2011. Are we there yet? a probing study to inform design for the rear seat of family cars[M/OL]. Berlin, Heidelberg: Springer Berlin Heidelberg:657-674. [2021-11-25]. https://link. springer. com/10. 1007/978-3-642-23771-3_48.

ZEMP R, TAYLOR W R, LORENZETTI S,2016. Seat pan and backrest pressure distribution while sitting in office chairs[J]. Applied Ergonomics,53:1-9.

ZENK R, FRANZ M, BUBB H, et al. ,2012. Technical note: Spine loading in automotive seating[J]. Applied Ergonomics,43(2):290-295.

ZUCKERMAN O, GAL-OZ A,2013. To tui or not to tui: Evaluating performance and preference in tangible vs. graphical user interfaces[J]. International Journal of Human-Computer Studies,71(7-8):803-820.

ZUCKERMAN O, HOFFMAN G, GAL-OZ A,2014. In-Car game design for children: Promoting interactions inside and outside the car[J]. International Journal of Child-Computer Interaction,2(4):109-119.

第6章 人机工程应用案例

6.1 背包设计

本节设计了一种具有振动功能的背包背负系统,并对其进行了人机工程学评估。在肩背部的对应位置布置四个振动器,为上斜方肌和竖脊肌提供局部振动刺激。研究采用客观和主观两种生理评估方法对振动背负系统进行人机舒适度评测,即采用肌电信号对肌肉活动进行客观测量;主观舒适度和不适感,则通过舒适度问卷进行测量。

6.1.1 研究背景

6.1.1.1 背包的设计研究

背包作为一种常见的载物道具,已经成为人们日常生活中不可缺少的一部分。许多研究人员已经研究了背包负荷对脊柱和下背部肌肉活动与舒适度的影响。其中,有很大一部分研究集中在学生的背包使用,这些研究通常会评估背包的使用情况及其对局部肌肉的影响;部分研究关注休闲徒步旅行和军事人员等在野外活动中的背包使用情况。

过去几十年,人们对长时间背包导致的肌肉疲劳、肌肉酸痛、肩痛、背痛、麻木甚至脊柱畸形等病症的担忧不断加剧。大量生物力学和生理学研究者开始对背包的人机设计展开研究,以提高行走过程中的整体舒适度。大多数的背包设计都集中在背带上。背带可以将很大一部分负荷转移到盆骨,从而减少肩背部肌肉的负荷。Lafiandra 等(2004)指出,使用连接背包的腰带,背包中约30%的垂直压力会传递到臀部,而没有腰带的背包会将压力施加在肩膀上;Holewijn 等(1990)指出,腰部皮肤的压力敏感性是肩部区域的三分之一,因此可以通过框架结构的设计将负荷转移到腰部,以减少对肩部皮肤的压力;Reid 等(2004)指出,将横向刚度杆添加到背包的悬架系统的侧边缘可以将一些垂直压力从背部和肩膀转移到臀部,从而减小施加在躯干上的压力。

6.1.1.2　振动按摩研究

按摩通常是为了降低因剧烈运动造成的不舒适感,以及加速肌肉恢复。振动按摩是一种以机械振动对人体局部进行刺激性按摩的按摩方式。这个过程涉及振颤运动,即使按摩的身体部位发生抖动。振动的目的是促进肌肉放松和增加血液循环。Cafarelli 等(1990)发现,电机设备提供的冲击振动按摩能够延缓渐进性疲劳,并且增加肌肉耐力和减少肌肉活动。

一些研究表明振动器刺激对减轻肌肉疼痛、加快运动恢复有显著效果。振动按摩应用到体育运动中已有很长历史,主要有在运动时进行全身振动与在力量和柔韧性练习时进行局部振动(振动刺激)两种。对于体育运动后的运动恢复,更适合的方法是将振动应用到整个肢体甚至全身;而在缓解肌肉疲劳的临床应用中,振动按摩多被用于刺激局部肌肉或肌腱。因此,在背负系统设计中,我们对肌肉的局部振动展开研究。

6.1.2　研究方法

6.1.2.1　振动背包背负系统设计

新设计的振动背包背负系统包括背带和负重箱两部分,如图 6.1 所示。背带部分由带衬垫的腰带和肩带组成,腰带和肩带均可根据被试的身体尺寸进行调节。在背带的四个不同位置(左上斜方肌、右上斜方肌、左侧竖脊肌、右侧竖脊肌)放置四个振动器(M31E-2,MITSUMI,Japan),为对应的肌肉提供振动。选择三个振动频率(28Hz,35Hz,42Hz)进行肌肉振动按摩效果的生理评估,施加的力约为 3~5N。由于振动器的振动频率和电压之间存在线性关系,因此通过直流电源提供振动器三个相应的输入电压(3.5V,5V,6.5V)。实验中使用的负重箱是一个木制箱体,尺寸为 21cm×21cm×50cm,质量为 5kg,用于加在不同的负载中。背负的质量为被试体重的 20%(负重箱的质量+额外的负载)。负重箱被固定在背带的框架上,并添加了横向刚度杆。为了使身体两侧受力相等,通过收紧背带使容器的中心位置紧贴脊柱。由于被试躯干高度不同,需调整负重箱顶部至 T5 椎体高度,使负重箱具有相同的相对高度,以确保容器不会阻碍下肢的运动。为了避免负重箱的重心位于身体重心以下,将质量较轻的物品放在背包底部,质量较重的物品放在顶部。

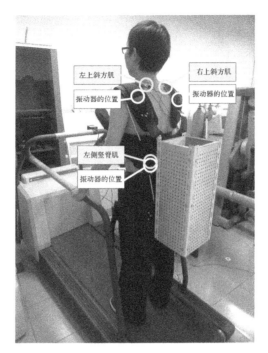

图 6.1　被试使用新设计的振动背包系统进行跑步机行走测试

6.1.2.2　实验准备

我们选取了 14 名男性大学生(年龄为 24±3 岁,身高为 172.0±5.2cm,体重为 60.1±5kg)进行实验。所有被试均无肌肉骨骼和神经系统疾病,并要求实验前不能参加任何可能导致疲劳的运动。实验流程通过当地伦理委员会审查并批准,所有被试均签署知情同意书。

被试的肌电信号通过 10 通道数字肌电信号系统(FlexComp Infiniti System,Thought Technology Ltd.,Canada)进行采集、放大和传输。使用 4 个 Myoscan-Pro 传感器采集上斜方肌和竖脊肌的肌电数据,可记录高达 1600mV 的肌电信号,频率为 20～500Hz,采样率设置为 1024Hz。

6.1.2.3　实验步骤

对被试进行人体数据测量,然后向他们介绍实验流程和使用的设备。被试需脱去上衣,分别在躯干两侧的上斜方肌和竖脊肌上连接 4 个肌电传感器。上斜方肌电极放置在 C7 和肩峰之间的直线中点外侧约 2cm 处;竖脊肌电极位于 L4～L5 间隙处,距脊柱 2cm。肌电传感器的电极间距为 2cm,用墨水定位并标记在皮肤上,以确保每次实验的位置相同。在放置电极前,使用酒精清洁皮肤,以减少阻抗。在每次实验中,新的肌电电极都被重新放置在墨迹上。

放置肌电电极并检查信号质量后,被试需进行目标肌肉的最大自主收缩(maximum voluntary contraction,MVC)测试,作为反映肌肉收缩能力百分比的参考值,以便后续进行肌电幅度标准化的处理。MVC 测试的步骤按照 Hong 等(2008)用于测量上斜方肌的 MVC 及 Mirka 等(1993)用于测量竖脊肌的 MVC 测试方法。每次最大自主收缩实验持续 10s,共测试 3 次,每次实验之间休息 3min。

MVC 测试后,被试需要休息 30min 以消除肌肉疲劳。振动背包背负系统通过填充相应质量的哑铃片来增加负荷,整体负荷(负重箱的质量＋哑铃片质量)为被试体重的 20％。每个被试需进行 4 次不同振动频率(0Hz,28Hz,35Hz,42Hz)下的跑步机行走实验。在每次跑步机行走实验之前,被试可不穿戴背负系统在跑步机上练习行走,以适应跑步机的行走方式。被试穿上振动背负系统,在跑步机上以 1.6m/s 的速度行走 5min(成年人的平均步行速度),同时采集目标肌肉的肌电信号。为了避免振动对肌电信号的影响,每隔 1min 进行 10s 的无振动肌电信号采集。

每次实验结束后,将振动背负系统取下,被试完成主观问卷调查。问卷调查要求每个被试对不同位置(肩部、腰背、背带系统的整体)的舒适度进行评分(10 分制,1 为非常不舒服,10 为非常舒服)。

调查结束后,被试在下一次实验前有 30min 的休息时间。在完成所有 4 次实验后,被试需要完成最终的实验对比调查。调查要求被试比较(1 为更差、10 为更好)无振动状态(实验一)与振动状态(实验二、实验三、实验四)下肩部肌肉、腰背部肌肉和整体的舒适程度。

6.1.2.4　实验设计

本实验涉及不同振动状态下的肌肉活动与舒适度的比较。首先,比较无振动状态(0Hz)与振动状态(28Hz,35Hz,42Hz),目的是通过客观(肌电图)和主观(主观调查)的评估方法,找出何种状态(无振动状态或振动状态)能较好地减少躯干肌肉活动,提高整体舒适度。其次,比较不同振动频率,即实验二(28Hz)、实验三(35Hz)和实验四(42Hz),目的是通过客观(肌电图)和主观(主观调查)的评估方法,找出哪个振动频率对减少躯干肌肉活动和提高整体舒适度的效果最好。

实验设置两个自变量。第一个是振动频率(0Hz,28Hz,35Hz,42Hz),第二个是时间效应(5 个时间点)。实验中的因变量是左、右上斜方肌和竖脊肌的表面肌电信号及背负系统的舒适度。

6.1.2.5 肌电数据处理

对于每次跑步机行走实验,每块目标肌肉在无振动时间段(共 5 个时间段)的肌电信号被用来进行数据处理。每段裁剪信号经过 20~500Hz 的带通滤波,用使用滤波后的肌电信号计算平均肌电幅值(average EMG,aEMG),平均肌电幅值以最大自主收缩值的百分比(%MVC)进行标准化处理,同时利用傅里叶变换计算中值频率,中值频率数据以各自的初始值进行标准化处理。对 5 个时间段的数据做均值处理,同时平均两侧上斜方肌和竖脊肌的肌电数据进行回归分析,进一步分析肌肉活动。平均肌电幅值升高及中值频率降低,表明肌肉活动量增加。

6.1.2.6 统计分析

对于肌电图数据,采用多因素方差分析评估自变量(及其相互作用)对因变量的影响。如果发现影响是显著的,则进行图基-克雷默 HSD(Tukey-Kramer honestly significant difference)事后检验,进一步分析这种影响。平均肌电幅值和归一化中值频率的线性回归分析能够显示肌肉活动的变化。用最小二乘法求得线性回归方程[Time-aEMG($\%$MVC)和 Time-MF$\%$],得到回归线的回归系数(斜率)。通过回归线的斜率比较各肌肉组的肌肉活动,斜率越大(平均肌电幅值升高越快,中值频率下降越快),表明肌肉活动量越大。然后用 t 检验比较 4 个频率的中值频率值的显著性变化。对于主观调查结果,采用非参数克鲁斯卡尔-沃利斯(Kruskale-Wallis)检验(II 检验)进行分析。所有数据采用 SPSS 20.0 统计软件进行分析,置信水平设置为 95$\%$。

6.1.3 研究结果与讨论

6.1.3.1 实验结果

1.肌电数据结果

各振动频率、时间点不同肌肉的平均肌电幅值和中值频率如图 6.2 和图 6.3 所示。多变量方差分析显示,振动频率和时间对上斜方肌和竖脊肌均无显著交互作用($p>0.05$)。振动频率对上斜方肌的平均肌电幅值($F=2.983,p=0.043$)和中值频率($F=3.519,p=0.024$)有显著影响,对竖脊肌无显著影响。时间对两侧肌肉的平均肌电幅值和中值频率没有显著影响。Tukey-Kramer 事后检验表明,实验 1(0Hz)中,上斜方肌的平均肌电幅值和中值频率与其他 3 种实验相比显著不同。在频率为 0Hz 时,上斜方肌的平均肌电幅值在 5min 内显著升高,而中值频率显著降低。

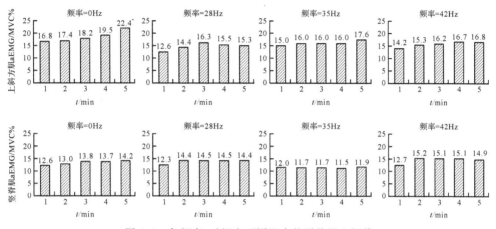

图 6.2　各频率、时间点不同肌肉的平均肌电幅值

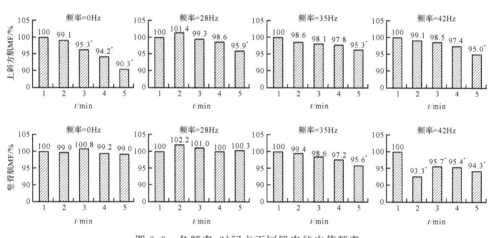

图 6.3　各频率、时间点不同肌肉的中值频率

通过线性回归方程计算出上斜方肌的平均肌电幅值(%MVC)和中值频率的回归线,如图 6.4 和图 6.5 所示。回归线的斜率代表肌电信号振幅的变化率和中值频率的变化率,反映肌肉活动的变化。t 检验结果显示,0Hz 振动频率下的平均肌电幅值(%MVC)斜率比其他 3 种振动频率更大,与其他 3 种频率均具有显著性差异($p > 0.05$)。28Hz、35Hz 和 42Hz 振动频率下的平均肌电幅值(%MVC)斜率无显著差异。中值频率斜率具有相同的结果。

103

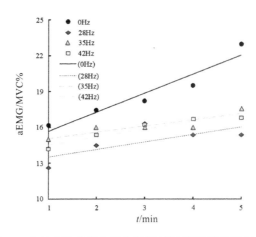

图 6.4　上斜方肌的平均肌电幅值(％MVC)线性回归结果

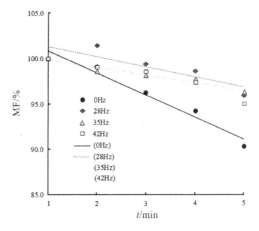

图 6.5　上斜方肌的中值频率线性回归结果

2. 主观调查数据结果

主观调查数据的结果如图 6.6 所示。通过方差分析,振动频率对所有部位的舒适度均有显著影响($p < 0.05$)。无振动状态(0Hz)的舒适度评分最低;35Hz 振动频率下的舒适度评分高于其他 3 个振动频率。主观调查数据表明,振动背带的设计增加了肩背部肌肉的舒适度,并且 35Hz 为最佳振动频率。

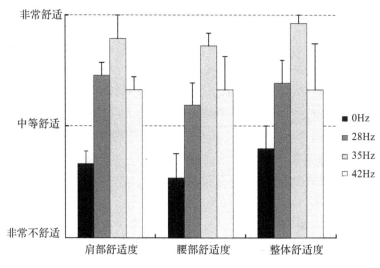

图 6.6　主观调查数据结果

6.1.3.2　分析讨论

图 6.2 和图 6.3 的实验结果表明,0Hz 振动频率下的上斜方肌平均肌电幅值从实验开始到结束增加了 28%,明显高于 28Hz、35Hz 和 42Hz 振动频率;0Hz 振动频率下的上斜方肌中值频率从实验开始到结束降低了 8.5%,明显低于 28Hz、35Hz 和 42Hz 振动频率;图 6.4 结果表明,0Hz 振动频率下的上斜方肌平均肌电幅值的增长速率和中值频率的下降速率大于其他 3 个振动频率。这些结果表明,0Hz 振动频率下上斜方肌的肌肉活动更剧烈。先前的研究也探讨了肌肉活动与肌电信号之间的相似关系。Luttmann 等(1996)对肌电图的频谱和振幅进行联合分析,发现电活动的增加、中值频率的下降都表示肌肉活动加剧;Potvin(1997)通过回归分析发现,肌肉活动的增加会导致平均肌电幅值的增加和平均功率频率的大幅下降;Ng 等(1997)发现肌肉的标准化中值频率斜率越高,肌肉的活动水平越高。在 5min 的实验内,竖脊肌的平均肌电幅值和中值频率在 4 个频率上无显著差异。可能的原因是直立行走会将更多的压力负荷集中在肩膀上,而不作用在下背部。本实验的主观调查结果发现,没有振动状态(0Hz)下的舒适度水平比有振动状态(28Hz、35Hz、42Hz)更低;35Hz 振动频率下的舒适度高于其他 3 种振动频率。主观结果与客观结果基本一致。

本实验涉及不同振动状态下的肌肉活动与舒适度的比较。首先,是无振动状态(0Hz)与振动状态(28Hz、35Hz、42Hz)的比较;其次,是不同振动频率的比较。

对于上斜方肌,客观数据与主观数据一致。与无振动状态相比,振动状态下的振动背负系统能更好地减少肌肉活动,提高整体舒适度,35Hz振动频率效果最好。对于竖脊肌,振动状态下的背带系统比无振动状态下的背带系统更能提高整体舒适度,并且35Hz频率的效果最好;两种状态下的肌肉活动程度相近。

结合整体实验结果,实验中局部肌肉振动对减少肌肉活动和提高整体舒适度有正向作用。振动按摩可以缓解肌肉疲劳程度,也可以减轻肌肉因剧烈活动所引起的不适感。Issurin等(1994)发现振动刺激力量训练使肌肉最大力量平均增加了49.8%,而传统训练平均增加了16%;频率为15~50Hz的低强度振动按摩增加了氧吸收、血液和肌肉氧化、局部和全身血液循环、被按摩组织局部温度和肌肉酶的激活。

实验为了统一变量,将负重大小设置为被试体重的20%。但先前的研究表明,水平行走过程中15%和20%的负荷会导致躯干前倾;10%以上的负荷会延长血压恢复时间,并改变步态运动学和动力学参数。不同的负载质量会对被试产生不同的影响和感受,从而影响实验的客观和主观数据,尤其是舒适度。因此,在未来的研究中,我们将在不同振动状态下研究不同质量的负荷对减少肌肉活动和提高整体舒适度的影响。

6.1.4　本节小结

本节实验的客观测量数据显示,振动功能对上斜方肌的肌肉活动有积极影响,但对竖脊肌没有影响。主观调查数据显示,无振动状态下的舒适度水平低于振动状态(28Hz、35Hz、42Hz);35Hz振动频率具有最高的舒适度水平。我们发现振动状态下的背负系统能更好地减少肌肉活动,提高整体舒适度,35Hz振动频率效果最好。研究结果表明,生理计算方法与生理实验能够有效应用于产品的人机工程学评估。

6.2　智能手机使用

本节研究用户在不同前臂状态下使用智能手机过程中的肌肉活动情况。实验收集了被试在不同身体姿势和手臂姿势下进行20min手机打字任务时其颈部偏转角度、表面肌电信号等数据。基于采集信号时、频域特征值的人机工程学分析和被试的主观评价分析,对用户使用手机的疲劳状态进行评估并给出适当建议。

6.2.1　研究背景

近年来,智能手机已成为人们生活和工作中的一个重要工具,长时间使用手机已成为一个普遍现象。2019 年,一项针对 1407 名在校学生手机使用时间的调查结果显示,接近 2/3 的学生平均每天使用手机 3h。长期使用手机存在诸多不良影响,如对手机产生心理依赖、影响睡眠质量、对颈部造成较大负荷及增加颈部受伤的风险。一项五年跟踪调查研究显示,在大量使用手机的人群中,颈部是出现疼痛症状最频繁的部位,其次是肩部和手部。根据济南大学 400 名在校学生的颈椎病现状统计结果显示,17% 的学生患有颈椎病,其中,由于使用手机引发颈部疼痛的学生占 21.5%。手机使用已成为增加颈椎患病率的一个影响因素。

目前已有学者开展针对手机使用过程中的身体肌肉状况分析研究。国外一项关于手机使用的任务对比研究显示,在游戏、浏览和打字三种任务中,打字任务中被试所表现的颈部曲度最明显;Kim 等(2017)通过研究发现,当持续使用手机超过 5min 时,颈椎出现了屈曲角度复位误差;Lee 等(2015)对被试背部肌肉活性与手机使用之间的关联进行分析,发现手机的使用会提升颈肩部肌肉活跃程度,单手或双手使用手机时,被试斜方肌、腕桡侧伸肌的肌肉活性程度不同,双手使用更优于单手使用。

目前主要通过问卷调查、主观评价来评估手机使用者的身体状况和心理状况。本节在主观测评的基础上,同时采用颈部偏转角度和表面肌电信号评估手机使用下的颈部曲度情况及肌肉疲劳度,对手机使用的人机测评进行更深入的研究。表面肌电是肌肉纤维运动单元活动时产生的一种生物电信号,能够用来评估肌肉活动状态和疲劳程度。颈部曲度是评估颈椎病的一个重要因素,有研究显示,长时间维持较大的颈部偏转角度(≥20°)会对脊椎造成较大负荷,从而增大颈椎的患病风险。

研究设计了针对性的人机实验,比较不同身体姿势和前臂状态下使用手机时的颈部偏转角度和肌肉状态,深入探究手机使用与不同姿势间的关联,旨在给手机使用的相关研究提供理论支持的同时,也给手机使用者(尤其是脊椎受伤和有脊椎病的使用者)提供一些手机使用的科学建议。

6.2.2　研究方法

6.2.2.1　研究对象

实验招募 15 名当地大学生作为被试,年龄为(22±3)岁,身高为(171±6.21)cm,

体重为 $63\pm9.67kg$。被试均为右利手,无颈椎病或 3 个月内没有颈部疼痛历史;拥有 3 年以上的手机使用经验,平均每天手机使用时长达 2h;习惯使用 26 键输入法,打字速度能达到 $15\sim30$ 字/min。以上条件保证了实验变量的标准化控制。实验中被试均了解实验的过程与目的,并已签署知情同意书。

6.2.2.2 主要仪器

使用美国 BioPac 公司的 MP160 型多导生理记录系统采集上、下斜方肌肌电信号;使用维特智能九轴蓝牙 BWT 90CL 型角度传感器采集颈部偏转角度;执行打字任务的手机采用华为 nova 3i 手机。座椅无扶手,高度为 40cm;手部支撑台高度可调节,尺寸为 $30cm\times30cm\times40cm$。

6.2.2.3 颈部偏转角度采集

根据相关颈部曲度的测量方法,角度传感器固定在被试的第二颈椎(C2),如图 6.7 和图 6.8 所示。实验前需要根据所在位置调节磁场并进行相关角度的归零校准。归零校准的方法为,被试需头部中立,颈部放松,眼睛平视前方 3m 外的一条水平线,记录并调节此刻的颈部角度为 0°,以此为基准参考。

图 6.7　手机打字实验照片

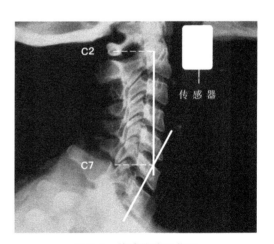

图 6.8　传感器放置位置

6.2.2.4 肌电数据的采集

实验前,将电极片连接到被试的上斜方肌和下斜方肌。上斜方肌的电极位置在第 7 颈椎(C7)和肩峰之间,距离中线外侧 2cm;下斜方肌的电极位置位于第 12 胸椎(T12),距离中线外侧 2cm,如图 6.9 所示。贴片前,为减少阻抗,需用医用酒精擦拭贴片的位置,去除表面油垢和坏死角质层。将电极片沿着目标肌肉的肌纤维方向分布,2 片电极用以记录,1 片电极用作参考,电极片中心间的距离为 2~4cm,记录电极和参考电极呈正三角形状排列。

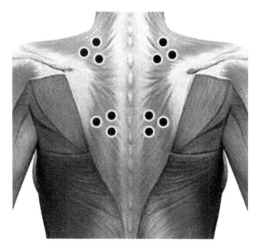

图 6.9　电极片贴片位置(上、下斜方肌)

6.2.2.5　主观测评

采用视觉模拟评分法对被试进行主观疼痛评价数据采集。实验前后,被试需在视觉调查表上填写当前肌肉不适指数,这些肌肉部位包括颈部左右侧(对应上斜方肌)和上背部左右侧(对应下斜方肌)。评分尺度为 0~6 分,0 分表示完全没有不适,1~2 分表示有点不适,3~4 分表示十分不适,5~6 分表示极度不适。

6.2.2.6　实验步骤

被试在四种不同的躯体姿势(坐姿、站姿、躺姿、走姿)和两种前臂状态(放松有支撑和非放松无支撑)下,进行持续 20min 的手机打字任务。打字任务在一款打字软件(疯狂打字通)上执行,打字内容为固定内容。第 1、2 组任务为坐姿打字,被试需要坐在椅子上,持手机于胸前高度,在前臂有支撑和无支撑两种情况下分别完成打字任务;第 3、4 组任务为站姿打字,被试需双腿与肩同宽,持手机于胸前高度,在前臂有支撑和无支撑两种情况下分别完成打字任务;第 5 组为躺姿打字,被试需朝右侧躺在瑜伽垫上,1 只手臂靠地 1 只手臂临空(模拟床上玩手机的姿势),执行打字任务;第 6 组为走姿打字,被试持手机于胸前高度,以 1.6m/s 的速度在跑步机上一边行走一边进行手机打字(模拟走路打字)。其中躺姿和走姿由于姿势特殊不适合进行肘部支撑实验,因此不设置支撑实验的测量。实验开始前,需要采集被试上、下斜方肌的肌肉最大自主收缩数据。肌肉最大自主收缩测试后,被试有 20min 休息时间,以消除肌肉疲劳。在打字正式实验中,被试需尽可能准确和快速地执行所有文本输入任务,如果出现错误字体,需要将其改正后继续往下打。实验前后被试将通过主观测评量表对肌肉不适程度进行打分。两次任务间有 10min 的休息时间。

6.2.2.7　数据处理

通过概率分布法(统计颈部在 20min 实验中的角度分布情况)平均 15 位被试在不同姿势下的颈部偏转角度。计算 50% 的中位值角度,并通过概率分布法比较姿态变化范围的上下四等分位值之间的分布差异,差异越大,意味着角度变化越大,颈部运动的幅度也越大。

通过 BioPac 生理记录仪配套分析软件计算平均振幅和中值频率。在保证数据原有特征的情况下,对原始数据进行固定间距采样。将实验所得的每个肌肉平均振幅数据进行修剪,获取每分钟末的 10 个时间点表面电极检测数据,最终每组数据得到 5 个样本。对所有被试的样本进行平均处理获得平均值,并对左右侧斜方肌肌肉的平均值进行平均计算,再进行最大自主收缩标准化处理得到平均肌电幅值平均值。对获得的中值频率采用前面提到的相同修剪方法修剪,并对所有人的数据进行平均计算。平均后的中值频率数据根据其每个初始值进行标准化以获得中值频率平均值。平均肌电幅值平均值的上升表示肌肉活跃程度增大;中值频率平均值的下降表示肌肉疲劳程度增大。斜率越大,说明肌肉活跃度和肌肉疲劳程度越显著。

采用 SPSS 25.0 软件进行统计学分析。通过单因素方差分析和多因素方差分析评估身体姿势和前臂状态对目标肌肉和主观测评数据的影响情况。

6.2.3　研究结果与讨论

6.2.3.1　颈部偏转角度数据

根据 15 位被试在 20min 内不同姿势下的颈部偏转角度分布情况(见图6.10),对比前臂无支撑情况下的 3 个不同姿势。结果显示,坐姿的颈部偏转角度(22.4°)大于站姿(20.9°)和走姿(15°);颈部角度波动的概率分布之间存在差异,前臂无支撑情况下的颈部波动(上下四等分点的概率分布比较)大于有支撑情况(坐姿无支撑为 2.1°,坐姿有支撑为 1°;站姿无支撑为 1.9°,站姿有支撑为 1.2°);有支撑时颈部的偏转角度略大于无支撑情况。实验测量时,由于躺姿实验中被试几乎没有发生颈部角度变化,所以未放入图中。

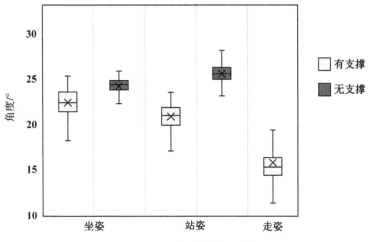

图 6.10　颈部偏转角度分布

6.2.3.2　肌肉数据分析

对 15 位被试的斜方肌表面肌肉平均数据统计分析。不同姿势下的斜方肌平均肌电幅值平均值如图 6.11 所示,其中,坐姿上、下斜方肌肌肉的平均肌电幅值平均值均比站姿的平均值大(肌肉活性更大);不同姿势下的斜方肌中值频率平均值如图 6.12 所示,坐姿上、下斜方肌肌肉的中值频率平均值比躺姿和走姿下降趋势更明显(疲劳程度越大)。采用单因素方差分析评估姿势对上、下斜方肌平均肌电幅值平均值的影响,结果显示,姿势对上、下斜方肌的平均肌电幅值均具有显著影

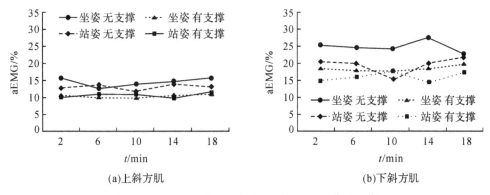

(a)上斜方肌　　　　　　　　　　(b)下斜方肌

图 6.11　不同姿势下的斜方肌平均肌电幅值平均值

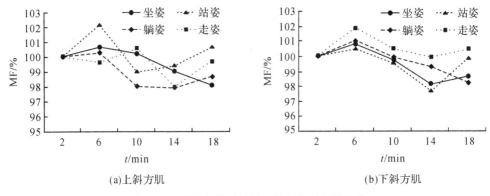

图 6.12 不同姿势下的斜方肌中值频率平均值

响($F=5.687,p<0.05;F=6.023,p<0.05$)。进一步采用图基(Tukey)事后检验对无支撑情况下不同姿势进行两两比较检验,结果显示,坐姿与站姿、躺姿之间均具有显著差异($p<0.05$)。

斜方肌在有支撑情况下,所有姿势的平均肌电幅值平均值均低于无支撑状态,如图 6.13 所示;斜方肌在有支撑情况下,所有姿势的中值频率平均值的下降趋势均低于无支撑状态(疲劳度更低),如图 6.14 所示。采用 2(2 种手臂状态)×2(2 个姿势)的多因素方差分析评估支撑状态×姿势的交互作用及两者对 2 块肌肉平均肌电幅值平均值的影响。多因素方差分析结果显示,前臂状态和姿势之间并无交互作用($p>0.05$);前臂状态对两块肌肉的平均肌电幅值平均值均具有显著影响($F=5.639,p<0.05;F=7.832,p<0.05$);姿势对两块肌肉的平均肌电幅值平均值均具有显著影响($F=4.893,p<0.05;F=5.052,p<0.05$)。

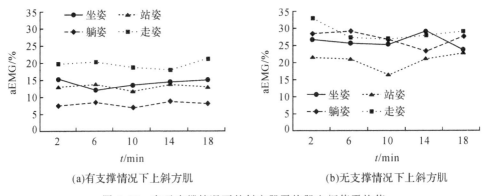

图 6.13 有无支撑情况下的斜方肌平均肌电幅值平均值

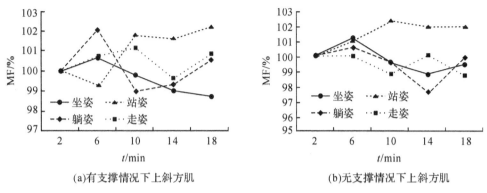

(a)有支撑情况下上斜方肌　　　　(b)无支撑情况下上斜方肌

图 6.14　有无支撑情况下的斜方肌中值频率平均值

6.2.3.3　主观测评数据分析

所有被试在 6 组打字任务中 2 块肌肉的平均不适分数如图 6.15 所示。在前臂无支撑状态下,不同姿势的不适分数具有差异性。坐姿、站姿的上斜方肌的不适分数相比于另 2 种姿势更高;坐姿的下斜方肌不适分数相比于另 3 种姿势更高。采用单因素方差分析评估姿势对 2 块肌肉不适分数的影响。结果显示,姿势对上斜方肌和下斜方肌的不适分数均具有显著影响($F=8.023$,$p<0.05$;$F=6.776$,$p<0.05$)。在坐姿和站姿中,无支撑状态比有支撑状态具有更高的不适分数。采用多因素方差分析评估支撑状态×姿势的交互作用及两者对 2 块肌肉不适评价的

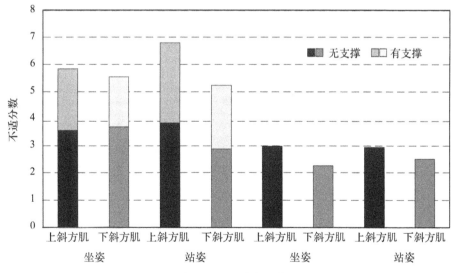

图 6.15　主观疼痛指数

影响。结果显示,前臂状态和姿势之间均无交互作用($p>0.05$);前臂状态对斜方肌的不适分数均具有显著影响($F=7.625,p<0.05;F=7.345,p<0.05$);姿势对下斜方肌的不适分数具有显著影响($F=4.765,p<0.05$),而对上斜方肌的不适分数不具有显著影响($F=1.005,p>0.05$)。

6.2.3.4 讨 论

长时间使用手机打字时,颈部存在较大的偏转角度,且坐姿的颈部偏转角度($22.4°$)大于站姿($20.9°$)和走姿($15°$),如图 6.10 所示。这与先前的一项手机使用研究结果相似,该实验研究了坐姿和站姿情况下手机使用的颈部情况,发现坐姿比站姿有更大的颈部偏转角度。关于颈椎病成因的研究表明,长期伏案工作或者长时间保持低头姿势为颈椎病的一个重要诱因。根据 Andersen 等(2003)的研究,颈部的偏转角度在较长时间内超过 $20°$ 时,颈部可能存在较大的受伤风险。我们可以发现,在站姿和坐姿情况下,颈部都已经超过 $20°$,坐姿的角度更大,这意味着长时间保持坐姿或者站姿玩手机,将对颈部造成较大压力,患病风险也可能增加。

不同手机使用姿势对斜方肌肌肉活性具有显著影响($p<0.05$),如图 6.11 所示。静态姿势(坐姿、站姿、躺姿)对比动态姿势(走姿)的肌肉活性低,但是疲劳程度和不适评分较高。一项关于动态姿势(走姿)下的电脑打字实验的研究也出现类似情况,坐姿对比走姿虽然有更低的斜方肌肌肉活性,但肌肉活性上升斜率较大,主观不适程度也更高。我们推测走姿作为一个动态的姿势,可能对肌肉有一定的积极作用。坐姿相对其他姿势具有更大的肌肉活性,疲劳程度增长也更快,主观疼痛指数较高,如图 6.12 和图 6.15 所示。我们认为造成斜方肌肌肉活性程度较高的原因是,坐姿时颈部长时间保持较大的前倾角度,从而对颈椎造成挤压,增加了背部肌肉的受力。

前臂的放松与否(有无支撑)对斜方肌肌肉活动、疲劳和主观测评数据具有显著影响($p<0.05$),如图 6.14~图 6.16 所示。这一结果与 Syamala 等(2018)的研究结果相近,对比有无扶手支撑两种情况下的手机使用情况,发现有扶手支撑情况下,颈部偏转角度和颈肩部肌肉的活性明显降低。类似地,在关于电脑打字的实验中,Delisle 等(2006)对比了前臂是否处于放松状态下的电脑打字情况,同样发现有支撑能明显降低背部上斜方肌的肌肉活性。我们猜测,造成这一原因的可能是使用手机时,被试支撑手机的同时需要不断维持打字的稳定性,而有支撑则增加了身体与颈部的稳定性,降低前臂肌肉和斜方肌的活动和疲劳度。因此,减少前臂压力,放松前臂将其置于支撑台上,将会对颈部具有积极作用。

6.2.4　本节小结

本实验研究被试在不同身体和手臂姿势下进行 20min 手机打字任务后的颈部偏转角度、表面肌电信号。根据人机工程学分析和被试的主观评价分析,得出以下结论与手机使用建议。

坐姿相比其他姿势表现出较大的颈部偏转角度,是造成颈椎最大压力的姿势。静态手机使用姿势相比动态姿势,虽然肌肉活性较低,但是疲劳程度和不适程度更高,且维持静态姿势时间越长,肌肉疲劳程度变化越快,动态姿势下可能对颈部肌肉具有积极作用。身体姿势的不同会对斜方肌的平均肌电幅值平均值和主观不适评分产生影响。采用不同姿势进行手机打字会对上斜方肌的表面肌电信号造成不同影响。其中坐姿的肌肉疲劳度和主观疼痛指数较其他姿势更高,应尽量避免;前臂状态会对斜方肌肌肉造成影响。当前臂有支撑状态下进行手机打字时,可以明显降低斜方肌肌肉的表面肌肉活性、疲劳和主观不适感。

参考文献

付艳,周玮,李世其,等,2017.基于表面肌电信号对比分析的下肢假肢佩戴者提物补偿机制研究[J].人类工效学,23(1):5-10.

郭伏,吕伟,王天博,等,2018.基于表面肌电和心电的手工搬运作业疲劳分析[J].人类工效学,24(1):1-6.

黄治官,李裕和,2018.弹性背带双肩背包对人体常规负重步行中肌电参数和步态的影响[C]//第十二届全国生物力学学术会议暨第十四届全国生物流变学学术会议论文摘要汇编:260.

李立康,陈薇钜,潘承谕,等,2018.海南大学生人际关系与手机网络依赖性的现况调查[J].海南医学,29(23):3365-3368.

李厅,张嘉江,2015.大学生手机依赖量表的编制及信效度检验[J].当代教育理论与实践,7(11):148-150.

林萍,王健,2016.运动性肌肉疲劳的主观感受与表面肌电客观变化的一致性[J].人类工效学,22(2):81-86.

刘元凤,黄燕娣,汪彤,2009.基于主观调查的视屏作业人员后背舒适度评价[C]//中国职业安全健康协会 2009 年学术年会论文集:584-587.

刘志成,2019.浅谈新时代大学生手机使用现状[J].数字通信世界(12):257.

陆星辰,曲峰,2017.前负重背包对人体生物力学特征影响研究进展[C]//第十九届全国运动生物力学学术交流大会论文摘要汇编:253-254.

乔秀秀,于秀娟,张蕊杰,等,2017.大学生颈椎病现状调查及防治对策[J].科技资讯,15(29):
    204-205,207.

孙昊量,郭文博,刘瑛,等,2017.青年伏案工作者颈椎病的发病特点及预防措施探讨[J].临床医
    药文献电子杂志,4(15):2812-2813.

佟苏洋,汤澄清,2019.背包负重行走对足底压力动力学特征影响的研究[J].广东公安科技,27
    (2):21-25.

王冰,段义萍,张友常,等,2004.颈椎病患病特征的流行病学研究[J].中南大学学报(医学版)
    (4):472-474.

王侠,2020.某高职学校学生焦虑症状、手机依赖与睡眠质量的相关性研究[J].蚌埠医学院学
    报,45(3):398-402.

翟吉良,胡建华,2019.颈椎矢状面曲度的研究进展[J].协和医学杂志,10(6):647-653.

张露芳,王豪杰,唐智川,2018.双肩背负系统影响因素研究[J].中华劳动卫生职业病杂志,36
    (9):641-646.

张露芳,诸雨佳,唐智川,2019.背负系统对人体步态及疲劳的影响[J].中华劳动卫生职业病杂
    志,(10):746-751.

张双艺,2014.人体单肩负重行走肌肉表面电信号特性研究[D].天津:天津科技大学.

赵功赫,曲峰,2021.背包方式与负重对步行生物力学特征影响研究进展[C]//第二十一届全国
    运动生物力学学术交流大会论文摘要汇编:197-198.

赵美雅,倪义坤,田山,等,2015.行走过程中不同背包负重方式对人体生理参数的影响[J].医用
    生物力学,30(1):8-13.

朱厚伟,史曙生,申翠梅,等,2019.背包质量与背包方式对儿童身体姿势的影响[J].中国运动医
    学杂志,38(8):658-668.

朱伟,张智君,2010.不同键盘、输入速度的sEMG、绩效及舒适性比较[J].人类工效学,16(3):
    1-4.

AARÅS A,DAINOFF M,RO O,et al.,2002. Can a more neutral position of the forearm when
    operating a computer mouse reduce the pain level for VDU operators? [J]. International Jour-
    nal of Industrial Ergonomics,30(4-5):307-324.

AL-QAISI S, AGHAZADEH F,2015. Electromyography analysis: Comparison of maximum
    voluntary contraction methods for anterior deltoid and trapezius muscles[J]. Procedia Manufac-
    turing,3:4578-4583.

ANDERSEN J H,2003. Risk factors in the onset of neck/shoulder pain in a prospective study of
    workers in industrial and service companies[J]. Occupational and Environmental Medicine,60
    (9):649-654.

BALASUBRAMANIAN V, DUTT A, RAI S,2011. Analysis of muscle fatigue in helicopter pi-
    lots[J]. Applied Ergonomics,42(6):913-918.

BAUER D H, FREIVALDS A, 2009. Backpack load limit recommendation for middle school students based on physiological and psychophysical measurements[J]. Work, 32(3):339-350.

BOHANNON R W, 1997. Comfortable and maximum walking speed of adults aged 20—79 years: reference values and determinants[J]. Age and Ageing, 26(1):15-19.

CAFARELLI E, SIM J, CAROLAN B, et al., 1990. Vibratory massage and short-term recovery from muscular fatigue[J]. International journal of sports medicine, 11(6):474-478.

COOK C, BURGESS-LIMERICK R, PAPALIA S, 2004. The effect of upper extremity support on upper extremity posture and muscle activity during keyboard use[J]. Applied Ergonomics, 35(3):285-292.

DELUCA C J, 1997. The use of surface electromyography in biomechanics[J]. Journal of Applied Biomechanics, 13(2):135-163.

DELECLUSE C, ROELANTS M, VERSCHUEREN S, 2003. Strength increase after whole-body vibration compared with resistance training[J]. Medicine & Science in Sports & Exercise, 35(6):1033-1041.

DELISLE A, LARIVIÈRE C, PLAMONDON A, et al., 2006. Comparison of three computer office workstations offering forearm support: Impact on upper limb posture and muscle activation[J]. Ergonomics, 49(2):139-160.

DOUGLAS E C, GALLAGHER K M, 2017. The influence of a semi-reclined seated posture on head and neck kinematics and muscle activity while reading a tablet computer[J]. Applied Ergonomics, 60:342-347.

FEDOROWICH L M, EMERY K, CÔTÉ J N, 2015. The effect of walking while typing on neck/shoulder patterns[J]. European Journal of Applied Physiology, 115(8):1813-1823.

GALLAGHER S, HEBERGER J R, 2013. Examining the interaction of force and repetition on musculoskeletal disorder risk: A systematic literature review[J]. Human Factors: The Journal of the Human Factors and Ergonomics Society, 55(1):108-124.

GOATS G C, 1994. Massage: The scientific basis of an ancient art: Part 2. physiological and therapeutic effects[J]. British Journal of Sports Medicine, 28(3):153-156.

GOLD J E, DRIBAN J B, THOMAS N, et al., 2012. Postures, typing strategies, and gender differences in mobile device usage: An observational study[J]. Applied Ergonomics, 43(2):408-412.

GUAN X, FAN G, CHEN Z, et al., 2016. Gender difference in mobile phone use and the impact of digital device exposure on neck posture[J]. Ergonomics, 59(11):1453-1461.

GUSTAFSSON E, JOHNSON P W, HAGBERG M, 2010. Thumb postures and physical loads during mobile phone use: A comparison of young adults with and without musculoskeletal symptoms[J]. Journal of Electromyography and Kinesiology, 20(1):127-135.

GUSTAFSSON E, THOMÉE S, GRIMBY-EKMAN A, et al. ,2017. Texting on mobile phones and musculoskeletal disorders in young adults: A five-year cohort study[J]. Applied Ergonomics,58:208-214.

HARMS-RINGDAHL K, EKHOLM J, SCHÜLDT K, et al. ,1996. Assessment of jet pilots' upper trapezius load calibrated to maximal voluntary contraction and a standardized load[J]. Journal of Electromyography and Kinesiology,6(1):67-72.

HOLEWIJN M,1990. Physiological strain due to load carrying[J]. European Journal of Applied Physiology and Occupational Physiology,61(3-4):237-245.

HONG Y, BRUEGGEMANN G-P,2000. Changes in gait patterns in 10-year-old boys with increasing loads when walking on a treadmill[J]. Gait & Posture,11(3):254-259.

HONG Y, LI JX, FONG D T-P, 2008. Effect of prolonged walking with backpack loads on trunk muscle activity and fatigue in children[J]. Journal of Electromyography and Kinesiology, 18(6):990-996.

HORTON S J, JOHNSON G M, SKINNER M A,2010. Changes in head and neck posture using an office chair with and without lumbar roll support[J]. Spine,35(12):E542-E548.

ISSURIN V B, LIEBERMANN D G, TENENBAUM G,1994. Effect of vibratory stimulation training on maximal force and flexibility[J]. Journal of Sports Sciences,12(6):561-566.

JACOBS M,1960. Massage for the relief of pain: Anatomical and physiological considerations [J]. Physical Therapy,40(2):93-98.

JENSEN C, VASSELJEN O, WESTGAARD R H,1996. Estimating maximal EMG amplitude for the trapezius muscle: On the optimization of experimental procedure and electrode placement for improved reliability and increased signal amplitude[J]. Journal of Electromyography and Kinesiology,6(1):51-58.

JOINES S M B, SOMMERICH C M, MIRKA G A, et al. ,2006. Low-level exertions of the neck musculature: A study of research methods[J]. Journal of Electromyography and Kinesiology,16(5):485-497.

KANG H, SHIN G,2017. Effects of touch target location on performance and physical demands of computer touchscreen use[J]. Applied Ergonomics,61:159-167.

KIETRYS D M, GERG M J, DROPKIN J, et al. ,2015. Mobile input device type, texting style and screen size influence upper extremity and trapezius muscle activity, and cervical posture while texting[J]. Applied Ergonomics,50:98-104.

KIM J, YUN C, LEE M,2017. A comparison of the shoulder and trunk muscle activity according to the various resistance condition during push up plus in four point kneeling[J]. Journal of Physical Therapy Science,29(1):35-37.

KIM Y-G, KANG M-H, KIM J-W, et al. ,2013. Influence of the duration of smartphone usage on flexion angles of the cervical and lumbar spine and on reposition error in the cervical spine [J]. Physical Therapy Korea,20(1):10-17.

KNAPIK J J, REYNOLDS K L, HARMAN E,2004. Soldier load carriage: Historical, physiological, biomechanical, and medical aspects[J]. Military Medicine,169(1):45-56.

KUIJT-EVERS L F M, BOSCH T, HUYSMANS M A, et al.,2007. Association between objective and subjective measurements of comfort and discomfort in hand tools[J]. Applied Ergonomics,38(5):643-654.

LAFIANDRA M, HARMAN E,2004. The distribution of forces between the upper and lower back during load carriage[J]. Medicine and science in sports and exercise,36(3):460-467.

LEAHY M, HIX D,1990. Effect of touch screen target location on user accuracy[J]. Proceedings of the Human Factors Society Annual Meeting,34(4):370-374.

LEE S, KANG H, SHIN G,2015. Head flexion angle while using a smartphone[J]. Ergonomics,58(2):220-226.

LI J X, HONG Y, ROBINSON P D,2003. The effect of load carriage on movement kinematics and respiratory parameters in children during walking[J]. European Journal of Applied Physiology,90(1-2):35-43.

LI J X, HONG Y,2004. Age difference in trunk kinematics during walking with different backpack weights in 6-to 12-year-old children[J]. Research in Sports Medicine,12(2):135-142.

LUTTMANN A, JÄGER M, SÖKELAND J, et al.,1996. Electromyographical study on surgeons in urology. II. Determination of muscular fatigue[J]. Ergonomics,39(2):298-313.

MACKIE H W, LEGG S J, BEADLE J, et al.,2003. Comparison of four different backpacks intended for school use[J]. Applied Ergonomics,34(3):257-264.

MANCINELLI C A, DAVIS D S, ABOULHOSN L, et al.,2006. The effects of massage on delayed onset muscle soreness and physical performance in female collegiate athletes[J]. Physical Therapy in Sport,7(1):5-13.

MCGILL S M, JONES K, BENNETT G, et al.,1994. Passive stiffness of the human neck in flexion, extension, and lateral bending[J]. Clinical Biomechanics,9(3):193-198.

MIRKA G A, MARRAS W S,1993. Coactivation during trunk bending[J]. Spine,18(11):1396-1409.

NG J K-F, RICHARDSON C A, JULL G A,1997. Electromyographic amplitude and frequency changes in the iliocostalis lumborum and multifidus muscles during a trunk holding test[J]. Physical Therapy,77(9):954-961.

NING X, HUANG Y, HU B, et al.,2015. Neck kinematics and muscle activity during mobile device operations[J]. International Journal of Industrial Ergonomics,48:10-15.

NORDANDER C, HANSSON G-Å, OHLSSON K, et al.,2016. Exposure-response relationships for work-related neck and shoulder musculoskeletal disorders-analyses of pooled uniform data sets[J]. Applied Ergonomics,55:70-84.

OLDFIELD R C,1971. The assessment and analysis of handedness: The edinburgh inventory [J]. Neuropsychologia,9(1):97-113.

PAL M S, MAJUMDAR D, PRAMANIK A, et al. ,2014. Optimum load for carriage by indian soldiers on different uphill gradients at specified walking speed[J]. International Journal of Industrial Ergonomics,44(2):260-265.

PASCOE D D, PASCOE D E, WANG Y T, et al. ,1997. Influence of carrying book bags on gait cycle and posture of youths[J]. Ergonomics,40(6):631-640.

POTVIN J R,1997. Effects of muscle kinematics on surface EMG amplitude and frequency during fatiguing dynamic contractions[J]. Journal of Applied Physiology,82(1):144-151.

RAMADAN M Z, AL-SHAYEA A M,2013. A modified backpack design for male school children[J]. International Journal of Industrial Ergonomics,43(5):462-471.

REID S, STEVENSON J, WHITESIDE R,2004. Biomechanical assessment of lateral stiffness elements in the suspension system of a backpack[J]. Ergonomics,47(12):1272-1281.

SHEIR-NEISS G I, KRUSE R W, RAHMAN T,et al. ,2003. The association of backpack use and back pain in adolescents[J]. Spine,28(9):922-930.

SIMPSON K M, MUNRO B J, STEELE J R,2011. Backpack load affects lower limb muscle activity patterns of female hikers during prolonged load carriage[J]. Journal of Electromyography and Kinesiology,21(5):782-788.

SINGH T, KOH M,2009. Effects of backpack load position on spatiotemporal parameters and trunk forward lean[J]. Gait & Posture,29(1):49-53.

SOUTHARD S A, MIRKA G A,2007. An evaluation of backpack harness systems in non-neutral torso postures[J]. Applied Ergonomics,38(5):541-547.

STRAKER L M, COLEMAN J, SKOSS R, et al. ,2008. A comparison of posture and muscle activity during tablet computer, desktop computer and paper use by young children[J]. Ergonomics,51(4):540-555.

STRAKER L, MEKHORA K,2000. An evaluation of visual display unit placement by electromyography, posture, discomfort and preference[J]. International Journal of Industrial Ergonomics,26(3):389-398.

STUEMPFLE K J, DRURY D G, WILSON A L,2004. Effect of load position on physiological and perceptual responses during load carriage with an internal frame backpack[J]. Ergonomics, 47(7):784-789.

SYAMALA K R, AILNENI R C, KIM J H, et al. ,2018. Armrests and back support reduced biomechanical loading in the neck and upper extremities during mobile phone use[J]. Applied

Ergonomics,73:48-54.

TANG Z, SUN S, WANG J, et al. ,2014. An ergonomics evaluation of the vibration backpack harness system in walking[J]. International Journal of Industrial Ergonomics,44(5):753-760.

TORVINEN S, KANNUS P, SIEVNEN H, et al. ,2002. Effect of four-month vertical whole body vibration on performance and balance[J]. Medicine & Science in Sports & Exercise,34 (9):1523-1528.

VØLLESTAD N K,1997. Measurement of human muscle fatigue[J]. Journal of Neuroscience Methods,74(2):219-227.

WIKTORSSON-MOLLER M, ÖBERG B, EKSTRAND J, et al. ,1983. Effects of warming up, massage, and stretching on range of motion and muscle strength in the lower extremity[J]. The American Journal of Sports Medicine,11(4):249-252.

XIE Y, SZETO G, DAI J,2017. Prevalence and risk factors associated with musculoskeletal complaints among users of mobile handheld devices: A systematic review[J]. Applied Ergonomics,59:132-142.

第7章　人机交互应用案例

7.1　脑控外骨骼

本节通过对运动想象脑电信号识别分类,实现脑机接口对上肢康复外骨骼系统的交互控制。实验中创新地引入卷积神经网络来实现时间与空间维度的脑电特征提取及识别分类。公共数据集和实验数据集训练基于卷积神经网络的运动想象分类模型,并应用于上肢外骨骼设备的实时控制。实验表明,脑电信号能够用于产品的智能控制,实现有效的自然交互。

7.1.1　研究背景

脑机接口技术利用脑电信号实现人脑与外界设备的信息交换和控制交互,也称为"大脑端口"或者"脑机融合感知"。脑机接口技术可以通过对脑电信号进行处理与特征识别,实现运动康复设备的实时控制。相比于传统的基于表面肌电信号和力反馈的控制方法,脑机接口技术可应用于神经肌肉系统瘫痪但大脑健全的患者。

运动想象会引起特定脑区的脑电信号变化。不同的运动想象(如想象左手、右手、脚、舌的运动)会使大脑皮层对应区域的脑电信号产生变化。想象单侧手运动时,大脑对侧特定频率段运动感觉区的 μ 节律和 β 节律能量减小,而同侧运动感觉区的 μ 节律和 β 节律能量增大,这种现象被称为事件相关去同步(event-related desynchronization,ERD)和事件相关同步(event related synchronization,ERS)。提取脑电信号特征并结合机器学习方法能够实现不同运动想象的区分与识别。传统的运动想象识别方法通过人工提取脑电信号的时频特征信息,并利用分类器算法建立脑电信号特征和运动想象之间的映射关系,其执行效率较低、准确度不高。基于深度学习的运动想象脑电信号特征提取方法能够获得高可分性的深度特征(区别于手动提取的特征),并转换为控制命令输入外部设备以实现通信和控制的功能。

卷积神经网络作为深度学习的一种方法,相比于传统人工提取时频特征的方法,更加省时、省力,解决了特征工程的复杂需求。卷积神经网络是一类包含卷积计算且具有深度结构的前馈神经网络。其本质是多层感知机的变种,局部连接和权值共享大大提高了它的性能。由于卷积神经网络特征提取直接面对原始信号,在节省人工对信号进行处理操作的同时还能保证提取到更全面、更深层的特征,解决传统特征提取方法中特征丢失的问题。现有研究表明,卷积神经网络在基于脑电信号的情绪识别和 P300 识别中性能表现优秀,与传统的识别方法相比也有更高的分类准确度。因此,本实验采用卷积神经网络特征提取方法,验证其在运动想象脑电信号识别中的有效性。

本实验创新地采用基于深度学习理论的卷积神经网络对单次运动想象脑电信号进行特征提取和分类。首先,提出基于卷积神经网络的运动想象分类方法,优化卷积神经网络的结构和参数;其次,将该方法应用于公共数据集及实验数据集并建立分类模型,同时与其他 3 种方法相比较;最后,将从实验数据集中获得的分类模型(具有最好分类表现)应用于上肢康复外骨骼的实时控制中,验证本节提出方法的可行性。

7.1.2　研究方法

7.1.2.1　公共数据采集

为了验证本节提出方法的有效性,首先将基于卷积神经网络的运动想象分类方法应用于公共数据集(BCI Competition IV 的 Dataset1 数据集)的运动想象分类。2 名被试(ds1a 和 ds1f)共完成 200 次基于提示的实验,其中,想象左手运动和脚运动各 100 次。但由于此公共数据集样本较少,且在外骨骼的实际控制中需要被试的分类模型及参与,因此,本书进行了之后的实验数据采集。

7.1.2.2　实验数据采集

1. 实验对象与数据采集

实验招募了 4 名健康男性被试年龄为(27.25±1.26)岁,均为右利手。所有被试都是第 1 次参加脑电实验,并未被告知任何的实验假设。实验前均签订了知情同意书。EEG 信号的采集使用荷兰 BioSemi 公司的 Active Two 64 通道脑电信号采集系统。在实验过程中,我们根据 10/20 系统法采集运动想象相关脑区 28 个通道的脑电数据,参考电极安置在左耳乳突处;接地电极由 CMS 和 DRL 两个独立电极替代。设置采样频率为 1000Hz,高通滤波截止频率为 1Hz,低通滤波截止频率为 100Hz,工频陷波为 50Hz。在安置电极前,需用酒精擦拭皮肤,并使用导电膏降低电极与头皮之间的阻抗。

2. 实验范式

所有电极安置完毕后,被试坐在屏幕前,双手自然地放置在桌上,如图 7.1 所示(Tang et al.,2017)。实验中,应避免头部或身体的移动,并尽量不眨眼。每个被试在整个实验中需完成 560 次基于提示的实验,想象左手运动和脚运动各 280 次(由于之后的外骨骼实验中被试的右手会因穿戴外骨骼而运动,产生和右手运动想象相似的事件相关去同步/事件相关同步现象,所以不采用常规的左手和右手运动想象辨识),实验的时序如图 7.2 所示。每次实验持续 8s,前 2s 屏幕显示空白,之后在屏幕中央出现一个

图 7.1　运动想象脑电信号数据采集

"十"字,并发出声音提示,提醒被试实验即将开始;4~8s 后,屏幕上的"十"字变为随机产生的向左或向下的箭头,被试根据箭头指向想象左手运动或脚运动。每次实验有 2~5s 的随机间隔;每 35 次实验有 3min 的休息时间,以防止被试疲劳。

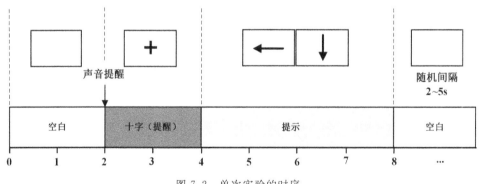

图 7.2　单次实验的时序

7.1.2.3　卷积神经网络构建

实验有针对性地设计了一种创新的卷积神经网络结构来进行运动想象分类,如图 7.3 所示。特征提取部分需要考虑时间和空间特征,分类部分则与传统的卷积神经网络类似。整个卷积神经网络由 5 层网络组成:第 1 层为输入层;第 2 层和第 3 层的卷积层构成特征提取部分并输出特征;第 4 层和第 5 层的全连接层构成分类部分。

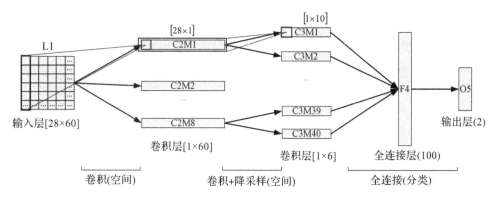

图 7.3　基于运动想象脑电信号分类的卷积神经网络结构

第 1 层(L1)为输入层,每个输入样本为[28×60](通道数×采样数)的输入矩阵。

第 2 层(C2)为卷积层,主要作用是对原始输入样本进行空间滤波,因此该层与输入层之间的连接是局部连接。该层使用 8 种滤波器,每种滤波器去卷积输入矩阵就得到不同特征的映射,即生成 8 个特征图。卷积核的大小设置为[28×1],每个特征图的大小为[1×60]。卷积核设置为向量,而非一般图像识别中的矩阵,目的是使卷积运算后的特征中只包含空间特征。

第 3 层(C3)为卷积层,主要作用是对脑电信号在时间上进行特征提取,因此也加入了局部连接和权值共享的理念。针对 C2 层中每个特征图,使用 5 种滤波器,因此在经过此部分的映射后,C3 层共有 40 个特征图。卷积核的大小设置为[1×10],每个特征图的大小为[1×6]。设置卷积步长与卷积核长度相同的原因是为了减少参数防止过拟合,在实现卷积操作的同时完成降采样。

第 4 层(F4)为全连接层(第 3 隐含层),作用是配合前一层和输出层,组成分类部分,因此该层前后都是全连接。神经元个数定为 100 个。

第 5 层(O5)为输出层,包含 2 个神经元,代表了二分类问题(左手运动想象或脚运动想象)。

生理计算与设计

7.1.2.4 卷积神经网络学习过程

卷积神经网络的训练过程主要采用反向传播算法，即输入训练数据，先前向计算各神经元的激活值，然后再反向计算误差，并对误差求各个权值和偏置的梯度，据此调整各个权值和偏差。定义网络中的一个神经元为 $n(l,m,j)$，其中，l 表示层数，m 表示该层中的第 m 个特征图，j 表示该特征图中的第 j 个神经元。各层中每个神经元的输入和输出表示为 $x_m^l(j)$ 和 $y_m^l(j)$：

$$y_m^l(j) = f[x_m^l(j)] \tag{7.1}$$

其中，$f(x)$ 是激活函数。前两层隐含层（C2 和 C3）采用双曲正切函数作为激活函数，后两层全连接层采用 Sigmiod 函数作为激活函数。

网络各层神经元数据间的传递关系如下。

第 1 层（L1）可以表示为 $I_{N,T}$ 的特征图，其中 N 为通道数目，T 为采样点；第 2 层（C2）上层的特征图传入后经过一个可学习的卷积核进行卷积，通过一个激活函数得到输出的特征图 $y_m^2(j)$：

$$y_m^2(j) = f\Big[\sum_{i=1}^{28} I_{i,j} \times k_m^2 + b_m^2(j)\Big] \tag{7.2}$$

其中，k_m^2 为 $[28\times1]$ 的卷积核，$b_m^2(j)$ 为偏置。

第 3 层（C3）同为卷积层，与第二层功能类似：

$$y_m^3(j) = f\Big\{\sum_{i=1}^{10} y_m^2[(j-1)\times10+i] \times k_m^3 + b_m^3(j)\Big\} \tag{7.3}$$

其中，k_m^3 为 $[1\times10]$ 的卷积核，$b_m^3(j)$ 为偏置。

第 4 层（F4）由 C3 层神经元全连接该层所有的神经元：

$$y^4(j) = f\Big[\sum_{i=1}^{40}\sum_{p=1}^{6} y_i^3(p)w_i^4(p) + b^4(j)\Big] \tag{7.4}$$

其中，$w_i^4(p)$ 为 C3 层神经元到 F4 层神经元的连接权值，$b^4(i)$ 为偏置。

第 5 层（O5）由 F4 层神经元全连接该层所有的神经元：

$$y^5(j) = f\Big[\sum_{i=1}^{100} y^4(i)w^5(i) + b^5(j)\Big] \tag{7.5}$$

其中，$w^5(i)$ 为 F4 层神经元到 O5 层神经元的连接权值，$b^5(j)$ 为偏置。

为了保证网络能有效地进行训练和收敛，需进行网络权值和偏置的初始化。该研究中网络的连接权值和偏置被初始化在一个 $[\pm1/n(l,m,i)_{N_{input}}]$ 的区间内均匀分布，其中，$n(1,m,i)_{N_{input}}$ 为第 1 层、第 m 个特征图中与第 i 个神经元相连的前层神经元个数。第 C2 和 C3 层的学习率 γ 被定义为：

126

$$\gamma = \frac{2\lambda}{N\,\mathrm{shared}_m^l\ \sqrt{n(l,m,i)_{N_{input}}}} \qquad (7.6)$$

其中,$N\,\mathrm{shared}_m^l$ 为第 l 层、第 m 个特征图中共享权值的神经元个数。第 F4 和 O5 层的学习率 γ 被定义为:

$$\gamma = \frac{\lambda}{\sqrt{n(l,m,i)_{N_{input}}}} \qquad (7.7)$$

梯度下降法可用来调节连接权值和偏置,使最终的误差达到最小。最大迭代次数设置为 10000。训练过程中的损失曲线可作为网络是否收敛及最优模型选择的判断。以一个实验数据集被试数据的训练过程为例,模型训练中的损失函数曲线如图 7.4 所示,横坐标表示训练迭代次数,纵坐标表示损失率,虚线代表训练过程中网络在训练集上的损失率,实线代表训练过程中网络在检验集上的损失率。由图可知,在迭代 2933 次后,损失率基本保存稳定,此时训练收敛得到最优的分类模型。

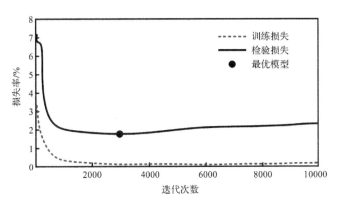

图 7.4　卷积神经网络训练过程中训练集和检验集(实验数据集)的损失函数曲线

7.1.2.5　分类过程

在卷积神经网络训练阶段,每个被试的数据被单独用来训练各自的分类模型。将数据集按照 3∶1∶1 的比例分成训练集、检验集和测试集。使用训练集进行模型构建,检验集进行模型最优参数选择,测试集进行模型识别率的评估。

为了和现有方法比较,实验还选择了 3 种传统的分类模型[功率值特征+支持向量机;共空间模式(common spatial pattern,CSP)+支持向量机;多分辨率分析(multiresolution analysis,MRA)+线性判别分析(linear discriminant analysis,LDA)]作为比较,使用 4 种方法对相同训练集(分别对公共数据集和实验数据集进行)建立分类模型,并在对应的测试集上进行测试。通过识别率和 ROC(receiver operating characteristic)曲线对分类模型的性能进行评估,计算分类结果的精确率、召回率和 F-score 对分类器识别表现进行评估。

7.1.3 研究结果与讨论

7.1.3.1 公共数据集结果

公共数据集中,两名被试在 4 种方法下对测试集分类的识别率如表 7.1 所示。设左手运动想象为正类,脚运动想象为负类,4 种方法下对测试集分类生成的 ROC 曲线如图 7.5 所示(以被试 ds1a 为例)。

表 7.1　所有被试在 4 种分类方法下测试集(公共数据集)识别率的比较 （单位:%)

被试	CNN	功率值+SVM	CSP+SVM	MRA+LDA
ds1a	92.50	83.00	84.50	89.50
ds1f	89.00	81.50	87.00	86.00
平均	90.75±2.47	82.25±1.06	85.75±1.77	87.75±2.47

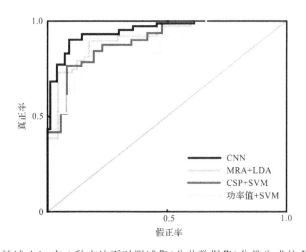

图 7.5　被试 ds1a 在 4 种方法下对测试集(公共数据集)分类生成的 ROC 曲线

通过表 7.1 和图 7.5 可以发现,本实验提出的基于卷积神经网络的识别模型的平均识别率(90.75%±2.47%)明显高于另外 3 种传统的识别模型,且卷积神经网络方法的 ROC 曲线线下面积也大于后 3 种方法,说明模型性能更好。

7.1.3.2　实验数据集结果

所有被试在 4 种方法下对测试集(实验数据集)分类的平均含混矩阵如图 7.6 所示。矩阵对角线(灰色格子)中的数字代表所有被试正确分类样本数和标准差的平均百分比;非对角线(白色格子)中的数字代表所有被试错误分类样本数和标准差的平均百分比。所有被试在 4 种方法下对测试集分类的识别率如表 7.2 所示。设左手运动想象为正类,脚运动想象为负类,4 种方法下对测试集分类生成的 ROC 曲线如图 7.7 所示(以被试 2 为例)。

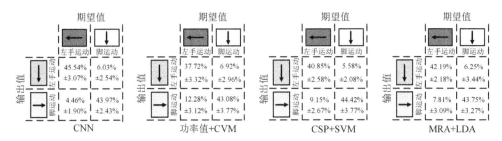

图 7.6　所有被试在 4 种方法下对测试集(实验数据集)分类的平均含混矩阵

表 7.2　所有被试在 4 种分类方法下测试集(实验数据集)的识别率　　(单位:%)

被试	CNN	功率值＋SVM	CSP＋SVM	MRA＋LAD
被试 1	92.86	83.04	89.29	86.61
被试 2	89.29	80.36	84.82	83.04
被试 3	85.71	75.00	83.93	87.50
被试 4	90.18	84.82	83.04	86.61
平均	89.51±2.95	80.80±4.28	85.27±2.78	85.94±3.05

所有被试在 4 种方法下对 2 类运动想象分类结果的精确率、召回率和 F-score 的计算如表 7.3 所示。精确率、召回率和 F-score 值越高,表示分类表现(卷积神经网络方法)越好。本文采用 4×2(4 种分类方法×2 类运动想象)的方差分析(单因素方差分析)评估分类方法×运动想象类别的交互作用以及两者对分类表现的影响。置信水平为 95%。单因素方差分析结果显示,分类方法和运动想象类别之间无交互作用($p > 0.05$);分类方法对分类表现具有显著影响($F = 6.565, p < 0.001$),而运动想象类别则对分类表现不具有显著影响($F = 0.346, p > 0.05$)。

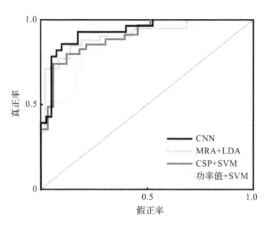

图 7.7　被试 2 在 4 种方法下对测试集(实验数据集)分类生成的 ROC 曲线

表 7.3　所有被试在 4 种方法下对 2 类运动想象分类结果的精确率、召回率和 F-score

分类		被试 1			被试 2			被试 3			被试 4		
		精确率	召回率	F-score	精确率	召回率	F-score	精确率	召回率	F-score	精确率	召回率	F-score
CNN	左手运动	0.8871	0.9821	0.9322	0.9400	0.8393	0.8868	0.8125	0.9286	0.8667	0.9091	0.8929	0.9009
	脚运动	0.9800	0.8750	0.9245	0.8548	0.9464	0.8983	0.9167	0.7857	0.8462	0.8947	0.9107	0.9026
功率值+SVM	左手运动	0.9512	0.6964	0.8041	0.9048	0.6786	0.7755	0.7544	0.7679	0.7611	0.8305	0.8750	0.8522
	脚运动	0.7606	0.9643	0.8499	0.7429	0.9286	0.8254	0.7593	0.7321	0.7455	0.8680	0.8214	0.8441
CSP+SVM	左手运动	0.8235	1.0000	0.9032	0.9333	0.7500	0.8317	0.9524	0.7143	0.8134	0.8491	0.8036	0.8257
	脚运动	1.0000	0.7857	0.8799	0.7910	0.9464	0.8618	0.7714	0.9643	0.8571	0.8136	0.8571	0.8348

7.1.3.3　方法应用

为了验证本文方法的实际应用效果,将被试先前训练好的卷积神经网络分类模型(具有最好的分类表现)应用于上肢康复外骨骼的实时控制。实验范式与训练数据采集时类似。所有电极安置完毕后,被试被要求坐在屏幕前,左手自然地放置在桌上,并在右手穿戴上肢外骨骼,如图 7.8 所示(Tang et al.,2017)。上肢外骨骼由 2 段金属连杆(相当于前臂和后臂)、1 个尼龙关节(相当于肘关节)、1 个角度传感器和 2 条气动肌肉(驱动器)组成。每个被试需完成 140 次基于提示的实验,其中,想象左手运动和脚运动各 70 次。外骨骼根据分类模型的输出结果,带动右手前臂进行伸动作(对应左手运动想象)或屈动作(对应脚运动)。同时,每次实验的 4～8s,屏幕中除了提示箭头,箭头上方还有实时模拟外骨骼运动的反馈条,以提供视觉反馈。

图 7.8　上肢外骨骼实时控制应用

上肢外骨骼控制策略如图 7.9 所示。首先,被试根据屏幕中的箭头提示进行相应的运动想象,产生的原始脑电信号通过预处理输入先前训练好的分类模型;其次,分类模型进行脑电信号的特征提取和分类,输出识别结果;最后,气动肌肉控制器根据输出结果获得驱动器控制信号,驱动外骨骼并带动前臂做相应运动。外骨骼尼龙关节处的角度传感器可实时反馈角度信号,输送给屏幕上的反馈条,使其模拟外骨骼运动;同时,可以作为分类模型的输出值,结合期望值评估分类表现。

在上肢外骨骼的实际控制实验中,基于卷积神经网络的识别模型的平均识别率达到了 $88.75\% \pm 3.42\%$,卷积神经网络模型对两类运动想象分类结果的精确率、召回率和 F-score 的计算如表 7.4 所示。通过 t 检验,实际控制中的识别率和左手运动想象的精确率、召回率和 F-score 与模型训练时相比,并无显著性差异($p > 0.05$)。因此,可以认定本文方法在上肢外骨骼实时控制中的有效性。

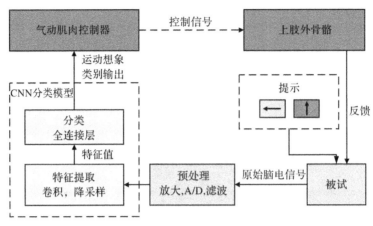

图 7.9 上肢外骨骼控制策略

表 7.4 所有被试在上肢外骨骼实际控制中 2 类运动想象分类结果的精确率、召回率和 F-score

分类	被试 1		被试 2		被试 3		被试 4	
	左手	脚	左手	脚	左手	脚	左手	脚
精确率	98.41	89.61	91.94	83.33	90.91	86.49	86.76	84.72
召回率	88.57	98.57	81.43	92.86	85.71	91.43	84.29	87.14
F-score	93.23	93.88	86.37	87.84	88.23	88.89	85.51	89.02

7.1.4 本节小结

本节实验采用基于卷积神经网络模型对单次运动想象脑电进行特征提取和分类，提出了卷积神经网络识别模型框架，与另外 3 种传统的识别模型进行比较，有效实现上肢康复外骨骼的实时控制。脑电信号不仅可以应用于康复产品的交互控制，还可以广泛应用于智能家居、游戏产品、健身产品等领域，能够作为一种与外界设备沟通的手段实现智能产品的自然交互。

7.2 情感计算

本节采用基于脑电识别的情感计算技术实现艺术治疗效果的动态评估。研究总结归纳了现有的艺术治疗方法，发现不同于主观评估方法，基于生理特征的情感计算方法能精准、客观地反映患者的情绪状态从而评估治疗效果。因此,以情绪为媒介,提出了一种基于脑电信号的艺术治疗评估方法:首先,采用长短时记忆神经网络提取脑电信号时序特征并实现情绪分类;其次,结合主观数据与分类模型结果验证该方法的可行性。结合生理信号的情感计算技术能够作为一种客观的技术手段实现患者艺术治疗中的情绪评估,也可为用户与产品交互过程中情感体验的优化提供依据与参考。

7.2.1　研究背景

7.2.1.1　艺术治疗相关研究

艺术治疗又称艺术疗法,属于心理治疗,综合了心理学、教育学、艺术等多个领域的研究内容。这种治疗方法鼓励通过艺术创作或艺术欣赏来表达情感,实现情绪调节。研究表明,在艺术创作过程中,线条、色彩等非语言材料更容易帮助个体外化情感意识,引导个体产生情绪和表达情绪。因此,艺术治疗能够有效调节情绪,其治疗手段包括音乐治疗、绘画治疗、舞蹈治疗等。本节所研究的绘画治疗多采用艺术创作形式,能够在短时间内有效实现情绪恢复。在绘画治疗过程中,工具(艺术材料)的选择对于情感产生以及对生理反应的影响有明显的差异。研究证明,使用流动性更强的水粉比铅笔更容易使被试的情绪平静下来,而在内容选择上,具象的图像内容比抽象的图像更容易使被试集中注意力并缓解压力。

训练有素的艺术治疗师可以在治疗过程中帮助患者分析和评估他们的情绪状态。在这个评估过程中,治疗师根据一系列自主评估量表和部分生理数据进行经验评估,但这种评估方法主观性和局限性较强,会因为个体的不同存在差异,在执行上存在一定的限制。因此,在艺术治疗的评估过程中需要一种更加客观、精确的评估方法作为参考指标来辅助治疗师评估治疗效果。

7.2.1.2　情绪识别相关研究

艺术治疗多采用情感识别方法评估治疗效果。情绪评估方法主要包括基于情感模型的主观评估方法和基于生理数据的客观识别方法两种。现有的情感模型可分为离散型和多维连续型两类,前者定义了描述人类情绪的不同词汇所表示的几类不同的情绪状态;后者则是从不同维度进行量化,构建了多维的情感空间,如愉悦-唤醒(Valence-Arousal)模型(见图 7.10)。Valence-Arousal 模型从唤醒度和愉悦度两个维度进行情绪的量化与表示,可采用主观评估模型(self-assessment model,SAM)(见图 7.11)进行情感状态的打分。基于主观量表评估方法通过获得被试的主观认知来进行判断,需要被试有正确的认知能力并能够积极配合,这在准确度和操作性(需要专业人员辅助评估)上都存在着很大的局限性。

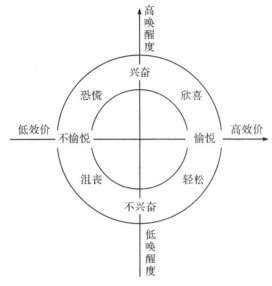

图 7.10 Valence-Arousal 模型

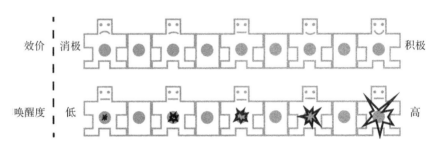

图 7.11 主观评估模型

基于客观生理数据的情绪识别通过分析输入的生理信号对个体情绪状态进行自动辨别,包括外部测量和内部测量,是情感计算的一个重要组成部分。外部测量方法无须佩戴额外的设备,通过面部表情、语音等信号进行情绪识别,更便捷,但精确度较低;内部测量通过脑电、心电、皮肤电等生理数据来识别对应的情绪状态,精确度更高。脑电信号与情绪表达的相关度更高,在艺术治疗领域中具有更好的适用性。已有研究通过分析脑电信号研究了音乐对记忆、情绪的影响,发现脑电信号可以对音乐治疗的效果进行有效评估,但少有文献将脑电信号应用于绘画治疗的效果评估。

7.2.2　研究方法

7.2.2.1　实验内容

实验招募了 12 名健康被试(6 男 6 女,年龄在 22～28 岁)。采用荷兰 BioSemi 公司的 Active Two 64 通道脑电仪,根据 10～20 标准采集 35 个相关通道的脑电信号数据。同时采用主观评估模型获得被试主观的情感评分,参与者以 1～9 分的尺度评价他们的唤醒度和愉悦度水平。实验定义两类情绪:高愉悦度(5～9 分)和低唤醒度(1～5 分)表示"正向"情绪(即 Valence-Arousal 模型的第四象限);其他愉悦度和唤醒度分数表示"负向"情绪(即 Valence-Arousal 模型的第一、第二和第三象限)。

实验开始前,告知被试实验步骤和需要完成的任务。被试需完成简明情绪状态量表(POMS)评估近一周的情绪状态,以判断被试当前的情绪基线并进行被试筛选。

实验包括情绪诱发和艺术治疗两个阶段(见图 7.12)。在情绪诱发阶段,如图 7.13(a)所示(Tang et al.,2017),被试需要通过连续观看 20min 特定情绪类型的视频诱发情绪(视频清晰度统一为 1920×1080),视频内容由大量负面事件(恶性交通事故等可以引起负向情绪的事件)片段组合。被试需要集中注意力感受视频内容带来的情绪,完成后根据观看后的情绪体验完成愉悦度、唤起度的主观评估模型打分。在艺术治疗阶段,如图 7.13(b)所示(Tang et al.,2017),被试需要在 A4 大小的涂色卡上进行 20min 的水粉涂色绘画治疗,被试需要集中注意力仔细完成绘画内容,完成后根据情绪体验完成主观评估模型打分。为了避免第二阶段绘画过程中肢体动作对脑电数据产生影响,实验要求被试保持一定的姿势尽量不产生晃动。

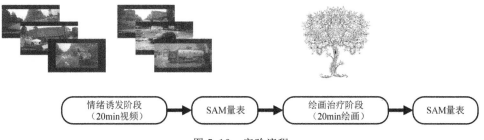

图 7.12　实验流程

(a) 情绪诱发阶段　　　　　　　　　(b) 艺术治疗阶段

图 7.13　实验场景

7.2.2.2　数据处理

对原始的脑电信号数据进行重新采样(采样率降至 256 Hz),并在 1～60 Hz 下进行带通滤波处理。采用 50 Hz 陷波滤波器来消除工频干扰,独立成分分析(independent component analysis,ICA)用于消除眼动和肌电等噪声以获得纯净的脑电信号。

实验构建了 4 种不同序列长度和时间窗长度的脑电信号输入样本,即 6 s 序列长度和 1 s 时间窗口长度、6 s 序列长度和 2 s 时间窗口长度、10 s 序列长度和 1 s 时间窗口长度以及 10 s 序列长度和 2 s 时间窗口长度。

以 10 s 序列长度和 1 s 时间窗口长度输入样本的构建过程(见图 7.14)。预处理后的 EEG 数据被分割成 10 s 长度的序列样本。采用具有 50% 重叠的 2 s 时间窗,以提取每个序列样本中 5 个频段的 PSD 值,表示为 $\hat{P}(e^{j\omega})$:

$$\hat{P}(e^{j\omega}) = \frac{1}{M} |X_i(e^{j\omega})|^2, \quad i = 1, 2, \cdots, N \tag{7.8}$$

其中,M 表示第 i 个时间窗口中的采样点数,N 表示时间窗口数,$e^{j\omega}$ 代表欧拉恒等式(Euler's identity),$X_i(e^{j\omega})$ 表示第 i 个时间窗口的离散傅里叶变换(discrete fourier transform,DFT)计算结果。

单个序列的一个频段的输入样本可以表示为:

$$\boldsymbol{V} = (\boldsymbol{v}_1, \boldsymbol{v}_2, \cdots, \boldsymbol{v}_N), \quad N = 19 \tag{7.9}$$

其中,$\boldsymbol{v}_N$ 表示某一个时间窗口的 35×1 (通道×频段)的 PSD 矩阵。所有输入样本均经过标准化转换到 $[-1,1]$。

7.2.2.3　特征提取与分类

长短时记忆神经网络情感识别模型旨在评估艺术疗法的效果,如图 7.15 所

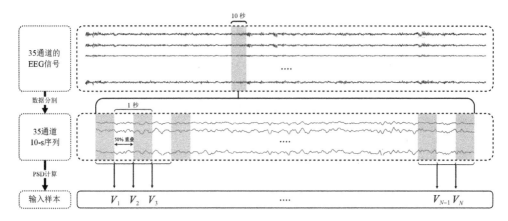

图 7.14　10s 序列长度和 1s 时间窗口长度输入样本的构建过程

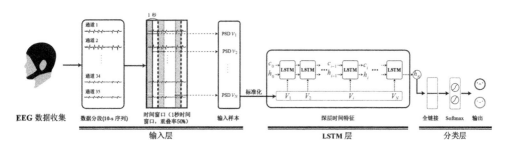

图 7.15　长短时记忆神经网络情感识别模型

示。情感识别模型由输入层、长短时记忆神经网络层和分类层 3 层组成。输入层
通过分割窗口和 PSD 计算预先处理原始数据,以构建 35×1(通道 $\times$ 阶段)输入样
本。输入样本标准化后,输入长短时记忆神经网络层以提取深层时间特征并获取
特征向量。分类层包括全连接层、softmax 层和输出层。特征向量被输入到分类
层,以获得分类结果(积极情绪或消极情绪)。情感识别模型连续输出每个序列的
情感类别。

　　在模型训练阶段,所有参与者的数据以 3：1：1 的比例被分为训练集、验证集
和测试集。训练集用于训练模型,验证集用于优化模型参数,测试集用于评估模
型的准确性。此外,本研究分析和评估了不同序列长度、时间窗长度和频率组合
对脑电分类性能的影响。将基于长短时记忆神经网络模型的情绪识别方法与其
他 2 种方法进行比较:使用共空间模式提取脑电信号特征,并结合支持向量机分
类器用于情绪分类;采用卷积神经网络提取深度脑电信号特征,并结合 softmax

分类器来识别情绪。3种方法都使用相同的数据来训练和测试模型,对其结果进行比较。

7.2.3 研究结果与讨论

7.2.3.1 实验结果

1. 主观评估模型得分结果

所有被试平均主观评估模型分数的结果如表7.5所示。在情绪诱发阶段,主观评估模型分数显示高唤醒度(7.67±0.89)和低愉悦度(1.83±0.58);在绘画治疗阶段,主观评估模型分数显示低唤醒度(2.08±0.67)和高愉悦度42±0.79)。治疗前后,唤醒度的平均分数下降($\Delta = -5.59$),愉悦度的平均分数上升($\Delta = 4.59$)。根据实验的主观评估模型分数和情绪定义,阶段一中,被试属于"消极"情绪类;阶段二中,被试属于"积极"情绪类。采用t检验来分析情绪诱发步骤和绘图治疗步骤之间唤醒度和愉悦度得分的差异,置信水平设定为95%。结果显示,两个步骤的唤醒度和愉悦度得分均存在显著差异($p<0.001$)。主观评分和统计分析结果表明,负向情绪在情感诱发步骤中被成功唤起,在绘画治疗步骤中情绪发生显著变化,这意味着艺术治疗方法对参与者有积极的影响。

表7.5 所有被试平均主观评估模型分数

维度	阶段平均值		差值	P 值
	情绪阶段	绘画治疗阶段		
唤醒度	7.67±0.89	2.08±0.67	-5.59	3.77764E-09
愉悦度	1.83±0.58	6.42±0.79	+4.59	3.00514E-09

2. 模型分类结果

3种分类模型(长短时记忆神经网络、共空间模型+支持向量机和卷积神经网络)在不同序列长度、时间窗长度和频率组合中的分类表现如图7.16所示。对于单频段,长短时记忆神经网络在6s和10s序列长度上的分类表现略高于另外2种模型(共空间模式+支持向量机和卷积神经网络);β频段具有最佳的分类性能,其最高精度达到87.41%。对于5频段组合,长短时记忆神经网络在6-s和10-s序列长度上的的分类准确率(90.60%、91.13%;94.38%、95.31%)显著高于共空间模型+支持向量机(78.33%;68.79%)和卷积神经网络(88.57%;85.34%)。

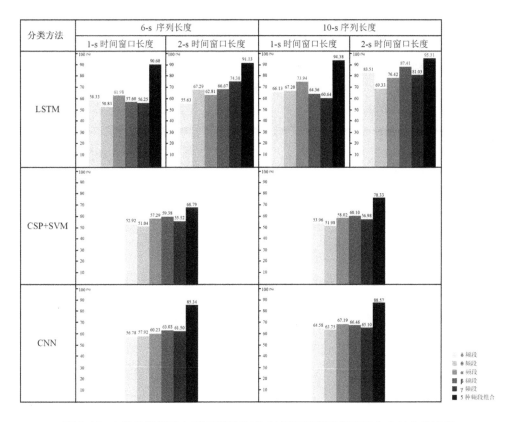

图 7.16　3 种分类模型在不同序列长度、时间窗长度和频率组合中的分类表现

长短时记忆神经网络模型在 5 频段组合下不同序列长度和时间窗长度分类结果的混淆矩阵如图 7.17 所示。深色元素和浅色元素分别表示两类情绪("正向"情绪和"负向"情绪)的正确分类百分比和错误分类百分比。在所有序列长度和时间

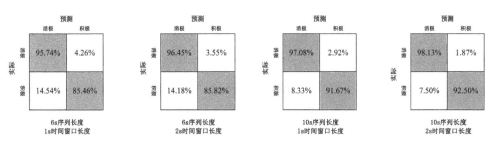

图 7.17　长短时记忆神经网络模型在 5 频段组合下不同序列长度和时间窗长度分类结果的混淆矩阵

窗口长度中,"负向"情绪的正确分类百分比均高于"正向"情绪。在 10s 序列长度和 2s 时间窗口长度中,两类情绪的正确分类百分比最高(98.13%,92.50%)。

对于长短时记忆神经网络模型结果,采用多变量方差分析来评估"序列长度×时间窗长度×频率组合"的相互作用,以及"序列长度""时间窗长度""频率组合"对分类性能表现的主要影响。结果表明,它们之间没有相互作用($p>0.5$);序列长度、时间窗长度和频率组合均对分类精度具有显著影响($F=2.345, p<0.05; F=3.843, p<0.05; F=1.228, p<0.05$)。并且 10-s 序列长度与 6-s 序列长度的分类结果存在显著不同($p<0.05$);2s 时间窗口长度与 1s 时间窗口长度的分类结果存在显著不同($p<0.05$);5 频段组合与其他 5 个单段频的分类结果存在显著不同($p<0.05$)。

7.2.3.2 分析讨论

实验基于脑电信号识别艺术治疗前后的情绪状态变化,对治疗效果进行评估,比较了 2 个实验阶段的主观评估结果及基于长短时记忆神经网络时序特征的情绪分类模型与传统分类模型的表现,并进一步探索了不同样本序列时长、时间窗和频段特征组合对情绪识别的影响与差异。

主观评估结果显示,被试在 2 个实验阶段中 2 个维度的主观评估模型 SAM 分数有显著差异,说明特定情绪被成功诱发且艺术治疗具有积极效果。在多维情感空间进行情感量化,2 种情绪在唤醒度上存在更大差异,可能的原因是视频素材导致 2 类情绪在情绪诱发的程度上有所不同。

基于长短时记忆神经网络时序特征的情绪识别模型相比于基于卷积神经网络非时序深度特征的识别模型和基于共空间模型+支持向量机的识别模型,识别率更高。在艺术治疗过程中,情绪的变化带有一定的时间特性,是一段时间内信号变化的表现而非瞬时的刺激反馈。Webb 等(2012)提到的情绪调节是一种自发的受控过程,该过程涉及情绪状态的诱发、维持(强度表现、持续时间)及调整变化。长短时记忆神经网络模型相比于另两个模型能够获得脑电信号中的深度时序特征,因此,它具有更好的分类表现。

采用单个频段特征进行分类时,绘画治疗前后 α、β、γ 频段(高频率频段)的识别率均高于 Δ、θ 频段(低频率频段)。原因是艺术治疗前后情绪的诱发和变化与高频脑电信号的相关性较高。Nie 等(2011)发现与情绪相关的脑电信号特征主要集中在枕叶和顶叶的 α 频段、中央部位的 β 频段、左额叶和右颞叶的 γ 频段信号;Kim 等(2018)在实验中分析并选择了额叶、顶叶和颞叶的 γ 频段信号作为特征进行分类,发现高频段信号能够有效识别情绪。实验结果进一步显示了 5 种频段组合下的识别率明显高于单个频率。可能的原因是不同情绪会影响不同频段的脑电信号(非单一频段的信号),5 种频段组合的特征包含了更多维度、更多层次的信息,具有更好的可解释性,能够有效提升情感识别模型的泛化能力。

对于不同的分段时长,10s 分段时长下的识别率高于 6s 分段时长;对于不同的时间窗长度,2s 时间窗长度下的识别率高于 1s 时间窗长度。可能的原因是在越长的时间窗下,脑电信号中的时序信息被更多地提取,能够更好地识别艺术治疗中随时间变化的情绪。

实验存在两个局限性。首先,所有被试都健康,未来的研究可以将本研究方法应用于患者并验证其有效性;其次,实验只定义了两类情绪(负向情绪和正向情绪),但患者可能会在艺术治疗过程中产生更多的情绪反应。因此,艺术治疗评估过程中需要进一步考虑不同类型的情绪。

7.2.4 本节小结

本节提出了一种基于脑电信号深度时序特征的艺术治疗评估方法,该方法通过识别艺术治疗前后的情绪变化评估治疗效果。实验采用自我评估模型获得实际情绪状态,使用长短时记忆神经网络提取脑电信号深度时序特征并实现情绪分类,同时进一步比较不同样本序列时长、时间窗和频段特征组合的分类效果差异。结果表明,脑电信号的深度时序特征能够用于艺术治疗两个阶段的情绪识别,并可作为一种客观的评估手段协助医生或患者进行艺术治疗效果评估。

情感计算通过分析生理信号特征探索用户的情感活动,其目的是通过赋予计算机识别、理解、表达和适应人情感的能力,建立和谐人机环境,并使产品具有更全面的智能交互行为。情感计算技术被应用在艺术治疗中用于辅助治疗师对治疗结果的评估。在人机交互领域的应用中,可为用户与产品交互过程中情感体验的优化提供依据与参考,以此提供更多的基于情绪感知的人机交互功能。

参考文献

陈伟海,徐颖俊,王建华,等,2015.并联式下肢康复外骨骼运动学及工作空间分析[J].机械工程学报,51(13):158-166.

李君轶,任涛,陆路正,2020.游客情感计算的文本大数据挖掘方法比较研究[J].浙江大学学报(理学版),47(4):507-520.

刘婷婷,刘箴,柴艳杰,等,2021.人机交互中的智能体情感计算研究[J].中国图象图形学报,26
(12):2767-2777.

刘逸,孟令坤,保继刚,等,2021.人工计算模型与机器学习模型的情感捕捉效度比较研究——以
旅游评论数据为例[J].南开管理评论,24(5):63-74.

楼鑫欣,2014.基于脑电和肌电相干性的辅助中风病人主动康复方法研究[D].杭州:浙江大学.

权学良,曾志刚,蒋建华,等,2021.基于生理信号的情感计算研究综述[J].自动化学报,47(8):
1769-1784.

王禄生,2021.情感计算的应用困境及其法律规制[J].东方法学,(4):49-60.

熊安斌,丁其川,赵新刚,等,2016.基于单通道 sEMG 分解的手部动作识别方法[J].机械工程学
报,52(7):6-13.

徐光华,张锋,王晶,等,2013.面向智能轮椅脑机导航的高频组合编码稳态视觉诱发电位技术研
究[J].机械工程学报,49(6):21-29.

徐国政,陈雯,高翔,等,2016.基于阻抗辨识和混杂控制的机器人辅助抗阻训练方法[J].机械工
程学报,52(15):8-14.

杨钟亮,唐智川,陈育苗,等,2014.面向双侧训练的前臂外骨骼肌肉力-电关系识别模型[J].浙江
大学学报(工学版),48(12):2152-2161.

叶俊民,周进,李超,2020.情感计算教育应用的多维透视[J].开放教育研究,26(6):77-88.

周进,叶俊民,李超,2021.多模态学习情感计算:动因、框架与建议[J].电化教育研究,42(7):26-
32,46.

ADAMOS D A，DIMITRIADIS S I，LASKARIS N A,2016. Towards the bio-personalization of
music recommendation systems：A single-sensor EEG biomarker of subjective music preference
[J]. Information Sciences,343-344:94-108.

ALARCAO S M，FONSECA M J,2019. Emotions recognition using EEG signals：A survey[J].
IEEE Transactions on Affective Computing,10(3):374-393.

ASADUR RAHMAN Md，FOISAL HOSSAIN Md，HOSSAIN M，et al.,2020. Employing
PCA and t-statistical approach for feature extraction and classification of emotion from multi-
channel EEG signal[J]. Egyptian Informatics Journal,21(1):23-35.

BAR-SELA G，ATID L，DANOS S，et al.,2007. Art Therapy improved depression and influ-
enced fatigue levels in cancer patients on chemotherapy[J]. Psycho-Oncology,16(11):980-984.

BENGIO Y，SIMARD P，FRASCONI P,1994. Learning long-term dependencies with gradient
descent is difficult[J]. IEEE Transactions on Neural Networks,5(2):157-166.

BHATTACHARYA J，PETSCHE H,2002. Shadows of artistry：Cortical synchrony during
perception and imagery of visual art[J]. Cognitive Brain Research,13(2):179-186.

CHEN W,2015. Kinematics and workspace analysis of parallel lower limb rehabilitation exoskel-
eton[J]. Journal of Mechanical Engineering,51(13):158.

CHENG X P, HUI M W, YANG Z, et al. ,2008. Influence of dopants in zno films on defects [J]. Chinese Physics Letters,25(12):4442-4445.

CHENG-HUNG W, YU-CHEN H, YU-HUAN S,2016. Using wearable EEG to research the change of brainwave of teenagers drawing pictures with mandala art[C]//2016 International Conference on Advanced Materials for Science and Engineering (ICAMSE). Taiwan, China: IEEE:581-584.

CZAMANSKI-COHEN J, WEIHS K L,2016. The bodymind model: A platform for studying the mechanisms of change induced by art therapy[J]. The Arts in Psychotherapy,51:63-71.

DALEBROUX A, GOLDSTEIN T R, WINNER E,2008. Short-Term mood repair through art-making: Positive emotion is more effective than venting[J]. Motivation and Emotion,32(4): 288-295.

DEITERS D D, STEVENS S, HERMANN C, et al. ,2013. Internal and external attention in speech anxiety[J]. Journal of Behavior Therapy and Experimental Psychiatry,44(2):143-149.

DRAKE J E, COLEMAN K, WINNER E,2011. Short-Term mood repair through art: Effects of medium and strategy[J]. Art Therapy,28(1):26-30. .

DUVINAGE M, CASTERMANS T, JIMENEZ-FABIAN R, et al. ,2012. A five-state p300-based foot lifter orthosis: proof of concept[C/OL]//2012 ISSNIP Biosignals and Biorobotics Conference: Biosignals and Robotics for Better and Safer Living (BRC). Manaus, Brazil: IEEE:1-6. [2021-11-25]. http://ieeexplore. ieee. org/document/6222193/. DOI: 10. 1109/ BRC. 2012. 6222193.

FAGE C, CONSEL C, ETCHEGOYHEN K, et al. ,2019. An emotion regulation app for school inclusion of children with ASD: Design principles and evaluation[J]. Computers &. Education, 131:1-21.

FRANTZIDIS C A, BRATSAS C, PAPADELIS C L, et al. ,2010. Toward emotion aware computing: An integrated approach using multichannel neurophysiological recordings and affective visual stimuli[J]. IEEE Transactions on Information Technology in Biomedicine,14(3): 589-597.

GANCET J, ILZKOVITZ M, MOTARD E, et al. ,2012. Mindwalker: Going one step further with assistive lower limbs exoskeleton for SCI condition subjects[C/OL]//2012 4th IEEE RAS &. EMBS International Conference on Biomedical Robotics and Biomechatronics (BioRob). Rome, Italy: IEEE: 1794-1800. [2021-11-25]. http://ieeexplore. ieee. org/document/ 6290688/. DOI:10. 1109/BioRob. 2012. 6290688.

GAO Q, WANG C, WANG Z, et al. ,2020. EEG based emotion recognition using fusion feature extraction method[J]. Multimedia Tools and Applications,79(37-38):27057-27074.

GEORGE E M, COCH D,2011. Music training and working memory: An ERP study[J]. Neuropsychologia,49(5):1083-1094.

GOLDSTEIN T R,2009. The pleasure of unadulterated sadness: Experiencing sorrow in fiction, nonfiction, and in person[J]. Psychology of Aesthetics, Creativity, and the Arts,3(4): 232-237.

GOPURA R A R C, KIGUCHI K, BANDARA D S V,2011. A brief review on upper extremity robotic exoskeleton systems[C/OL]//2011 6th International Conference on Industrial and Information Systems. Kandy, Sri Lanka:IEEE:346-351. [2021-11-25]. http://ieeexplore.ieee. org/document/6038092/.

GOSHVARPOUR A, ABBASI A, GOSHVARPOUR A,2017. An accurate emotion recognition system using ECG and GSR signals and matching pursuit method[J]. Biomedical Journal,40 (6):355-368.

HAEYEN S, VAN HOOREN S, VAN DER VELD W M, et al.,2018. Measuring the contribution of art therapy in multidisciplinary treatment of personality disorders: The construction of the self-expression and emotion regulation in art therapy scale (SERATS): Measuring the contribution of art therapy[J]. Personality and Mental Health,12(1):3-14.

HAIBLUM-ITSKOVITCH S, CZAMANSKI-COHEN J, GALILI G,2018. Emotional response and changes in heart rate variability following art-making with three different art materials[J]. Frontiers in Psychology,9:968.

HO N S K, TONG K Y, HU X L, et al.,2011. An EMG-driven exoskeleton hand robotic training device on chronic stroke subjects: Task training system for stroke rehabilitation[C/OL]// 2011 IEEE International Conference on Rehabilitation Robotics. Zurich: IEEE:1-5. [2021-11-25]. http://ieeexplore.ieee.org/document/5975340/.

HSU Y-L, WANG J-S, CHIANG W-C, et al.,2020. Automatic ecg-based emotion recognition in music listening[J]. IEEE Transactions on Affective Computing,11(1):85-99.

HUANG D, QIAN K, FEI D-Y, et al.,2012. Electroencephalography (EEG)-Based brain-computer interface (BCI): A 2-d virtual wheelchair control based on event-related desynchronization/synchronization and state control[J]. IEEE Transactions on Neural Systems and Rehabilitation Engineering,20(3):379-388.

JALILIFARD A, PIZZOLATO E B, ISLAM M K,2016. Emotion classification using single-channel scalp-eeg recording[C]//2016 38th Annual International Conference of the IEEE Engineering in Medicine and Biology Society (EMBC). Orlando, FL, USA: IEEE:845-849.

JEANNEROD M,2001. Neural simulation of action: A unifying mechanism for motor cognition [J]. NeuroImage,14(1):S103-S109.

KIGUCHI K, HAYASHI Y,2012. An emg-based control for an upper-limb power-assist exoskeleton robot[J]. IEEE Transactions on Systems, Man, and Cybernetics, Part B (Cybernetics),42

(4):1064-1071.

KILICARSLAN A, PRASAD S, GROSSMAN R G, et al. ,2013. High accuracy decoding of user intentions using eeg to control a lower-body exoskeleton[C/OL]//2013 35th Annual International Conference of the IEEE Engineering in Medicine and Biology Society (EMBC). Osaka: IEEE:5606-5609. [2021-11-25]. http://ieeexplore. ieee. org/document/6610821/.

KIM S-K, KANG H-B,2018. An analysis of smartphone overuse recognition in terms of emotions using brainwaves and deep learning[J]. Neurocomputing,275:1393-1406.

LI J, ZHANG Z, TAO C, et al. ,2015. Structure design of lower limb exoskeletons for gait training[J]. Chinese Journal of Mechanical Engineering,28(5):878-887.

LI M, XU H, LIU X, et al. ,2018. Emotion recognition from multichannel EEG signals using k-nearest neighbor classification[J]. Technology and Health Care,26:509-519.

LOTTE F, CONGEDO M, LÉCUYER A, et al. ,2007. A review of classification algorithms for eeg-based brain-computer interfaces[J]. Journal of Neural Engineering,4(2):R1-R13.

LUSEBRINK V B,2004. Art therapy and the brain: An attempt to understand the underlying processes of art expression in therapy[J]. Art Therapy,21(3):125-135.

MOHAMMADI Z, FROUNCHI J, AMIRI M,2017. Wavelet-Based Emotion Recognition System Using EEG Signal[J]. Neural Computing and Applications,28(8):1985-1990.

MOON S-E, JANG S, LEE J-S,2018. Convolutional neural network approach for eeg-based emotion recognition using brain connectivity and its spatial information[C]//2018 IEEE International Conference on Acoustics, Speech and Signal Processing (ICASSP). Calgary, AB: IEEE:2556-2560.

MULAS M, FOLGHERAITER M, GINI G,2005. An emg-controlled exoskeleton for hand rehabilitation[C/OL]//9th International Conference on Rehabilitation Robotics, 2005. ICORR 2005. Chicago, IL, USA: IEEE:371-374. [2021-11-25]. http://ieeexplore. ieee. org/document/1501122/.

MüLLER K-R, TANGERMANN M, DORNHEGE G, et al. ,2008. Machine learning for real-time single-trial eeg-analysis: From brain-computer interfacing to mental state monitoring[J]. Journal of Neuroscience Methods,167(1):82-90.

Müller-Gerking J, Pfurtscheller G, Flyvbjerg H,1999. Designing optimal spatial filters for single-trial EEG classification in a movement task[J]. Clinical neurophysiology,110(5):787-798.

NEUPER C, WÖRTZ M, PFURTSCHELLER G,2006. ERD/ERS patterns reflecting sensorimotor activation and deactivation[M/OL]//Progress in Brain Research. Elsevier:211-222. [2021-11-25]. https://linkinghub. elsevier. com/retrieve/pii/S0079612306590144.

NIE D, WANG X-W, SHI L-C, et al. ,2011. EEG-Based emotion recognition during watching movies[C]//2011 5th International IEEE/EMBS Conference on Neural Engineering. Cancun:

IEEE:667-670.

NODA T, SUGIMOTO N, FURUKAWA J, et al. ,2012. Brain-Controlled exoskeleton robot for BMI rehabilitation[C/OL]//2012 12th IEEE-RAS International Conference on Humanoid Robots (Humanoids 2012). Osaka, Japan: IEEE:21-27. [2021-11-25]. http://ieeexplore. ieee. org/document/6651494/.

OLDFIELD R C,1971. The assessment and analysis of handedness: The edinburgh inventory [J]. Neuropsychologia,9(1):97-113.

PESSO-AVIV T, REGEV D, GUTTMANN J,2014. The unique therapeutic effect of different art materials on psychological aspects of 7-to 9-year-old children[J]. The Arts in Psychotherapy,41(3):293-301.

PFURTSCHELLER G, GUGER C, MüLLER G, et al. ,2000. Brain oscillations control hand orthosis in a tetraplegic[J]. Neuroscience Letters,292(3):211-214.

PFURTSCHELLER G, LOPES DA SILVA F H,1999. Event-Related EEG/MEG synchronization and desynchronization: basic principles[J]. Clinical Neurophysiology,110(11):1842-1857.

PFURTSCHELLER G, NEUPER C, FLOTZINGER D, et al. ,1997. EEG-Based discrimination between imagination of right and left hand movement[J]. Electroencephalography and Clinical Neurophysiology,103(6):642-651.

PFURTSCHELLER G, NEUPER C,2006. Future prospects of ERD/ERS in the context of brain-computer interface (BCI) developments[M/OL]//Progress in Brain Research. Elsevier: 433-437. [2021-11-25]. https://linkinghub. elsevier. com/retrieve/pii/S0079612306590284.

PFURTSCHELLER G, NEUPER C,2001. Motor imagery and direct brain-computer communication[J]. Proceedings of the IEEE,89(7):1123-1134.

RAMIREZ R, PALENCIA-LEFLER M, GIRALDO S, et al. ,2015. Musical neurofeedback for treating depression in elderly people[J]. Frontiers in Neuroscience,9:126-131.

SHELDON E,2003. Relativistic twins or sextuplets? [J]. European Journal of Physics,24(1): 91-99.

SHINDO K, KAWASHIMA K, USHIBA J, et al. ,2011. Effects of neurofeedback training with an electroencephalogram-based brain-computer interface for hand paralysis in patients with chronic stroke: A preliminary case series study[J]. Journal of Rehabilitation Medicine,43(10): 951-957.

SHU L, XIE J, YANG M, et al. ,2018. A review of emotion recognition using physiological signals[J]. Sensors,18(7):2074.

SOEKADAR S R, WITKOWSKI M, VITIELLO N, et al. ,2015. An EEG/EOG-based hybrid brain-neural computer interaction (BNCI) system to control an exoskeleton for the paralyzed hand[J/OL]. Biomedical Engineering / Biomedizinische Technik,60(3). [2021-11-25]. https：//www. degruyter. com/document/doi/10. 1515/bmt-2014-0126/html.

SONG T, ZHENG W, SONG P, et al. ,2020. EEG emotion recognition using dynamical graph convolutional neural networks[J]. IEEE Transactions on Affective Computing,11(3):532-541.

SUBASI A, ISMAIL GURSOY M,2010. EEG signal classification using PCA, ICA, LDA and support vector machines[J]. Expert Systems with Applications,37(12):8659-8666.

SUN H, XIANG Y, SUN Y, et al. ,2010. On-Line EEG classification for brain-computer interface based on CSP and SVM[C]//2010 3rd International Congress on Image and Signal Processing. Yantai, China: IEEE:4105-4108.

TAKAHASHI K,2004. Remarks on svm-based emotion recognition from multi-modal bio-potential signals[C]//RO-MAN 2004. 13th IEEE International Workshop on Robot and Human Interactive Communication (IEEE Catalog No. 04TH8759). Kurashiki, Okayama, Japan: IEEE:95-100.

TANG Z, ZHANG K, SUN S, et al. ,2014. An upper-limb power-assist exoskeleton using proportional myoelectric control[J]. Sensors,14(4):6677-6694.

TANG Z,2017. Research on the control method of an upper-limb rehabilitation exoskeleton based on classification of motor imagery EEG[J]. Journal of Mechanical Engineering,53(10):60.

VARONA-MOYA S, VELASCO-ALVAREZ F, SANCHA-ROS S, et al. , 2015. Wheelchair navigation with an audio-cued, two-class motor imagery-based brain-computer interface system [C/OL]//2015 7th International IEEE/EMBS Conference on Neural Engineering (NER). Montpellier, France: IEEE: 174-177. [2021-11-25]. http://ieeexplore. ieee. org/ document/7146588/.

WANG Y, HONG B, GAO X, et al. ,2007. Implementation of a brain-computer interface based on three states of motor imagery[C/OL]//2007 29th Annual International Conference of the IEEE Engineering in Medicine and Biology Society. Lyon, France: IEEE:5059-5062. [2021-11-25]. http://ieeexplore. ieee. org/document/4353477/.

WEBB T L, MILES E, SHEERAN P,2012. Dealing with feeling: A meta-analysis of the effectiveness of strategies derived from the process model of emotion regulation[J]. Psychological Bulletin,138(4):775-808.

XIONG A,2016. Classification of hand gestures based on single-channel sEMG decomposition [J]. Journal of Mechanical Engineering,52(7):6.

XU G,2013. Research on key technology on time series combination coding-based high-frequency SSVEP in intelligent wheelchair BCI navigation[J]. Journal of Mechanical Engineering, 49 (6):21.

XU G,2016. Robot-Aided resistance training method based on impedance identification and hybrid control[J]. Journal of Mechanical Engineering,52(15):8.

XU Y, LIU G, HAO M, et al. ,2010. Analysis of Affective ECG signals toward emotion recognition[J]. Journal of Electronics (China),27(1):8-14.

YIN Y H, FAN Y J, XU L D,2012. EMG and EPP-Integrated human-machine interface between the paralyzed and rehabilitation exoskeleton[J]. IEEE Transactions on Information Technology in Biomedicine,16(4):542-549.

YIN Z, WANG Y, ZHANG W, et al. ,2017. Physiological feature based emotion recognition via an ensemble deep autoencoder with parsimonious structure[J]. IFAC-PapersOnLine,50(1): 6940-6945.

YINGER O S, GOODING L,2014. Music therapy and music medicine for children and adolescents[J]. Child and Adolescent Psychiatric Clinics of North America,23(3):535-553.

YOO S K, LEE C K, PARK Y J, et al. ,2005. Neural network based emotion estimation using heart rate variability and skin resistance[M]//WANG L, CHEN K, ONG Y S. Advances in Natural Computation. Berlin, Heidelberg: Springer Berlin Heidelberg:818-824.

ZENG Z H, JILIN TU, PIANFETTI B, et al. ,2005. Audio-Visual affect recognition through multi-stream fused hmm for hCI[C]//2005 IEEE Computer Society Conference on Computer Vision and Pattern Recognition (CVPR'05). San Diego, CA, USA: IEEE:967-972.

ZENG Z H, PANTIC M, ROISMAN G I, et al. ,2009. A survey of affect recognition methods: audio, visual, and spontaneous expressions[J]. IEEE Transactions on Pattern Analysis and Machine Intelligence,31(1):39-58.

第8章 设计思维应用案例

8.1 创造力的影响机制

本节研究设计师在个人和团体作业时不同音乐条件对想法产生过程中创造力的影响。创造性思维在我们的日常生活中扮演着重要的角色,有助于提高工作质量和学习效率。对于设计师来说,设计过程中的关键因素之一就是创意生成,而生理信号能够有效应用于创造性评估并揭示其影响机制。

8.1.1 研究背景

8.1.1.1 创造性思维的研究

在过去的几十年里,学者们已经开发并评估了各种增强创造力、提高创意思维能力的方法,如头脑风暴、建立随机联系、线性演变等。已有研究探索了个体创造力与个人知识水平、思维方式之间的联系,如比较设计新手与设计专家、音乐家与非音乐家、内向者与外向者等在具体认知任务中的区别。也有研究发现,外部环境条件(文本和图片提示、环境色彩、绘图方式、个人与团体等)对创造力具有一定的影响。音乐能够在认知任务中影响创造性思维能力,但仍少有文献对其在设计师产品设计过程中想法产生的影响进行探究。

8.1.1.2 音乐对设计思维的影响研究

许多研究都明确指出音乐在不同认知任务中的正向影响。音乐可以缓解压力、促进恢复血压、使人获得放松感,也是情绪诱导的常用方法。已有学者探索了音乐对认知能力的积极作用。Rauscher 等(1995)的实验表明,听莫扎特的音乐可以显著提高空间推理能力;George 等(2011)通过对比音乐家和非音乐家的测试发现,长期的音乐训练与工作记忆的改善有关。Liao 等(2015)通过调研发现,大多数设计师在设计过程中习惯听音乐,并且可能会产生与所听音乐相关的联想设计。不同的音乐特征,如音量、类型、节奏会对创造性思维产生不同的影响。虽然大多数研究表明,积极、愉快的音乐有助于发散思维,但也有研究指出,消极和中性的情绪可能更有助于找到极具创造性的解决方案。值得注意的是,关于设计创意想法的产生,需要的不仅仅是发散思维,还要聚合思维和问题解决的能力,这是对综合能力的考查。听音乐与设计想法产生的关联机制还需要进一步探究。

8.1.1.3 创造性评估的生理信号指标

已有研究使用生理信号来评估创造力,以探索创造性任务中的神经关联机制。其中,脑电信号的使用最为广泛。很多关于脑电与创造力的研究表明,α活动对创造性思维中的认知、记忆任务特别敏感,具有创造力的人往往 α 活动更加剧烈。其他脑电图频段(如 θ 和 γ)也被发现与创造性认知活动具有一定关联。近些年也有研究表明创造力与情绪、心理负荷相关。这些心理状态与心理压力可以通过测量心率、呼吸率、瞳孔直径、皮肤温度和皮肤电反应进行评估。

以往基于生理信号的创造性思维研究中,被试大多执行特定的创造性任务和范式,如代替使用范式、远程关联问题等。被试的想法被记录下来进行编码,再根据想法的数量和类别进行创造力的评估。而实际设计任务不同于这些范式,具有一定的复杂性和多变性,设计师在产品设计过程中可能会碰到不同的设计问题以及设计难点。因此,针对实际设计任务能够更有效地分析音乐对创造力的影响。

8.1.2 研究方法

8.1.2.1 实验设计

本次实验共招募 30 名健康被试。被试的年龄为(23±3)岁,均为工业设计系研究生,平均有 5.4 年的设计经验,并且都具有良好的草图设计能力。所有被试均为右利手,视力和听力都正常,没有精神功能障碍疾病。实验前,所有被试均签署了知情同意书,实验程序由当地人类伦理审查委员会审查和批准。

实验设计如图 8.1 所示。从 30 名被试中随机选择 10 位被试在 3 种音乐(积极的音乐、消极的音乐和无音乐)与个人/团队(3 人 1 组)的实验条件下执行任务,共 6 组(见表 8.1)。团队任务中除被试外的另 2 名组员从未参与个人实验的被试(剩余的 20 名被试)中随机选择。个人和团队实验的设计题目均为实际设计项目的设计命题,每次设计任务实验时间为 20min。实验在学校的实验室进行,被试使用黑色铅笔或水笔在 A4 纸上设计草图。实验期间,记录被试的心电与脑电信号。

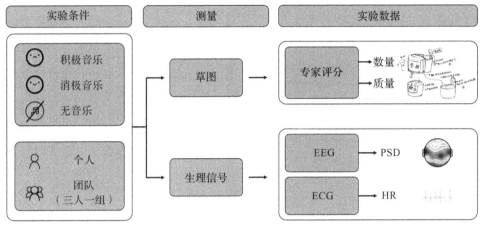

图 8.1　实验设计

表 8.1　实验任务

任务编号	音乐	个人/团队
1	积极音乐	个人
2	积极音乐	团队
3	消极音乐	个人
4	消极音乐	团队
5	无音乐	个人
6	无音乐	团队

8.1.2.2　实验设备与材料下的选择

1. 音乐材料的选择

Martin 等(1988)的研究表明,歌词会影响人的认知,因此我们选取了不含歌词的 2 种不同情感(积极和消极)的音乐材料。为了确保音乐材料对个体情感积极与消极的影响,我们又招募了 50 位不参与实验的在校大学生,使用李克特 5 点量表对音乐材料进行情感倾向和情绪强度评分。然后选择得分较高的 12 段音乐片段作为实验材料,包括 6 段积极的音乐(Johann Sebastian Bach 的"Eadjustable Prelude",Mozart 的"Alla Turca",Franz Schubert 的"Six moments musicaux,

D. 780-Ⅲ",Suzuki 的"Gavotte",Fool's Garden 的"Lemon Tree",Joe Hisaishi 的 "Summer")和 6 段消极的音乐(Joe Hisaishi 的"One summer's day",Joe Hisaishi 的"The rain",Joe Hisaishi 的"Castle in the Sky",Secret Garden 的"Sometimes when it rains",Secret Garden 的"Songs from a Secret Garden",Jacqueline Du pre 的"The farmhouse")。这些音乐以相同的音量循环播放。

2. 设计命题

实验选择 2 个难度相当的设计命题(来自合作企业)。个人实验时的命题为 "能够增加人与人之间交流的椅子",团队讨论时的命题为"能够增加人与人之间交流的桌子"。

3. 脑电信号记录

脑电信号的采集使用荷兰 BioSemi 公司的 Active Two 64 通道脑电信号采集系统。实验根据 10～20 标准脑电系统采集 64 个通道的脑电数据,采样率为 2048Hz。在安置电极前,使用导电膏降低电极与头皮之间的阻抗,各通道阻抗低于 5kΩ。

4. 心电信号记录

心电信号使用 Biopac MP150 System 多导生理信号采集仪以及 ECG100C 模块进行信号的连续记录,采样率设置为 200Hz。根据三导联结法,将电极放置在被试的右锁骨中点下缘或靠右肩、左锁骨中点下缘或靠左肩、剑突下偏左或在左小腹上。放置一次性电极片前,使用 70% 的酒精球擦拭皮肤以降低阻抗。

8.1.2.3 实验步骤

整个实验共分为前期准备和正式实验两部分,如图 8.2 所示。

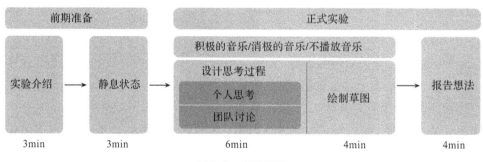

图 8.2 实验流程

1. 前期准备阶段

由于需要佩戴脑电设备,事先已告知被试需要洗头。在参与主要实验阶段之前,被试需要填写基本信息表(社会人口统计学问卷),提供书面的知情同意书。实验员分别为被试连接脑电信号、心电信号的设备及电极,并向被试介绍整个实验的流程。为了保证生理信号数据采集的准确性,告知被试调整到一个舒适姿势,并在实验过程中尽量保持头部及身体的稳定。在正式实验开始前会有 3min 的休息时间,告知被试尽量保持在平静的状态。

2. 正式实验阶段

正式实验的每次任务时间为 10min。实验针对不同的音乐条件,播放不同的音乐(实验 1~4);并在计算机屏幕上显示相应的设计主题和要求。个人条件下的实验(实验 1、3、5),个人思考时间为 6min,素描时间为 4min,如图 8.3(左)所示。团队条件下的实验(实验 2、4、6),小组讨论时间为 6min,草图时间为 4min,如图 8.3(右)所示。其中草图需要附上 1 份设计说明文字。每次实验结束后,被试有 4min 的时间根据自己的草图报告自己的想法,同时实验员记录整个过程。

图 8.3 正式实验:个人任务(左)和团队任务(右)

8.1.2.4 数据处理

1. 设计想法

根据被试绘制的草图对设计想法进行评估,包括想法的数量和质量。设计想法的数量,即所绘制的不同想法个数;设计想法的质量则由 3 位专业的设计评委从独创性和实用性两方面考虑,并进行 0~5 的评分。所有的草图都隐去姓名。

2. 心电数据处理

心率是交感神经和副交感神经最敏感的生理参数（Ravaja，2004）。有研究表明，消极情绪时的心率要比愉快情绪时慢（Bolls，2001）。研究将心率作为评估心电数据的指标，使用 Biopac AcqKnowledge 软件（4.2 版）对原始心电数据进行滤波（0.5～25Hz），导出心电数据，并在 Excel 中进行均值计算。由于个体差异，我们将正式实验前 2min 的静息时间作为基线值对数据进行标准化处理，以提高分析的可靠性。

3. 脑电数据处理

与创造力相关的脑电信号频段是 θ 和 α 波段，研究进一步将 α 波段细分为低波段 α1（8～10Hz）和高波段 α2（10～12Hz）进行分析。

脑电数据的预处理通过 MATLAB 完成。考虑被试在不同设计阶段中的设计思维活跃程度不同，选择设计思考过程最后 2min 的脑电数据进行分析。通过目视检查去除不良的脑电信号与伪迹；使用 REST 插件进行重参考，选择高通滤波 1Hz、低通滤波 30Hz、陷波滤波 49～51Hz（去除 50Hz 工频干扰），重采样至 256Hz。使用独立成分分析去除眼电、肌电等信号噪声。

采用 Welch 的谱平均方法进行功率谱分析。利用快速傅里叶变换的时频分析方法计算脑电信号的频段功率，窗口大小设置为 1000ms，50% 的重叠。计算的频率为 1～30Hz，取 θ（4～8Hz）、α1（8～10Hz），α2（10～12Hz）3 个频段。为了进一步分析脑区的差异，将电极位置汇总为前额叶、额叶、额中央、中央颞叶、顶叶中心、顶颞叶、顶枕。

8.1.2.5　统计分析

实验数据采用 SPSS 软件进行统计学分析，选择 95% 的置信水平。采用多因素方差分析评估音乐、个人/团队对设计想法分数的影响和两者间的交互影响；采用多因素方差分析评估音乐、个人/团队对心电数据的影响和两者间的交互影响；采用多因素方差分析评估音乐、个人/团队和脑区对脑电数据的影响和三者间的交互影响。

8.1.3　研究结果与讨论

8.1.3.1　实验结果

1. 设计草图

一位代表性被试在积极音乐条件下个人/团队实验中绘制的草图如图 8.4 所

示,对不同音乐条件下的设计想法数量、质量评分进行均值分析。不论是个人还是团队,在设计想法的数量上,被试在积极音乐条件下产生更多,其次是消极音乐条件,无音乐条件下产生的想法数量最少,如图 8.5 所示。在设计想法的质量评分上,无音乐条件下的想法质量评分最高,消极音乐条件下的想法质量评分最低。与个人条件相比,团队条件下设计想法的数量和质量都更低。方差分析的结果显示,音乐条件对设计想法质量的评分具有显著影响($F=9.154, p=0.006$),个人/团队对设计想法质量不具有显著性影响($F=3.136, p>0.05$),个人/团队与音乐条件间不具有交互效应($F=2.383, p>0.05$)。事后检验结果显示,在设计想法的质量上,无音乐条件与积极音乐条件、消极音乐条件相比具有显著性差异($p=0.022$, $p=0.005$)。

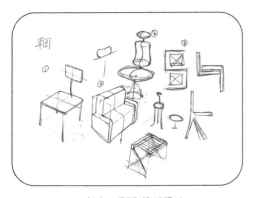
(a)实验一草图(椅子设计)

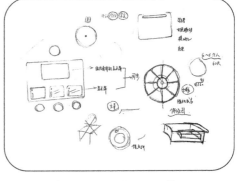
(b)实验二草图(桌子设计)

图 8.4 一位代表性被试在积极音乐条件下个人(a)和团队(b)实验中绘制的草图

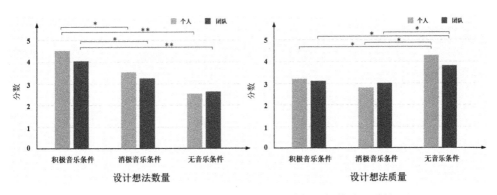

图 8.5 不同音乐条件下所有被试设计想法的数量和质量

2. 心电数据

心率随时间的变化如图 8.6 所示。个人实验时,有音乐条件下的心率呈上升趋势,无音乐条件下的心率呈下降趋势。相对于个人实验,团队实验时心率的波动更大,且 3 个组别的心率均呈下降趋势。方差分析的结果显示,个人/团队条件对心率具有显著影响($F=5.073,p=0.048$),音乐条件对心率不具有显著影响($F=0.061,p>0.05$),音乐条件与个人/团队间无交互效应($F=1.652,p>0.05$)。

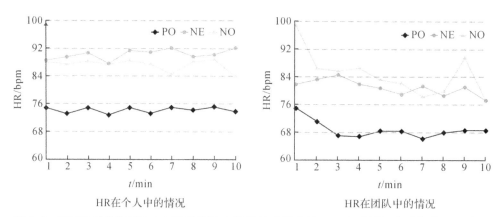

图 8.6　不同音乐条件下的心电数据(PO 表示积极音乐条件,NE 表示消极音乐条件,NO 表示无音乐条件)

3. 脑电数据

个人/团队条件下的平均脑地形图如图 8.7 所示,与个人相比,团队条件下的 θ 和 α2 频段的功率谱密度更低。个人条件下,与消极音乐和无音乐相比,积极音乐在 α2 频段上的大脑前额叶、额叶和顶枕区的功率谱密度更低;而在前额叶 θ 频段上,积极音乐表现出更高的功率谱密度。从脑区来看,主要受影响区域为前额叶、额叶和顶枕区。

采用方差分析评估"个人/团队""音乐""脑区"对脑电信号($θ$、$α1$ 和 $α2$)的影响和交互效应,结果显示,"个人/团队"对 θ 和 α2 有显著影响($F=7.718,p=0.017$;$F=5.901,p=0.032$),而对 α1 均无显著影响($F=1.631,p>0.05$);"音乐"对 θ 和 α2 有显著性影响($F=27.366,p<0.001$;$F=5.901,p=0.008$),而对 α1 无显著影响($F=2.908,p>0.05$);"脑区"对 θ、α1 和 α2 都有显著影响($F=44.392,p<0.001$;$F=26.022,p<0.001$;$F=28.283,p<0.001$);"个人/团队"和"音乐"在 θ 和 α1 上具有交互效应($p=0.008$;$p=0.004$)。

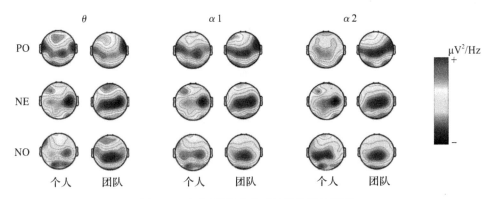

图 8.7   个人/团队条件下的平均脑地形图

8.1.3.2   分析讨论

已有研究探讨了创造力与音乐之间的关系。Yamada 等(2015)和 Ritter 等 (2017)的研究表明,听快乐的音乐能够增强创造力中的发散思维,但是对聚合思维 没有影响;He 等(2017)分别通过创造性思维-绘画测验(TCT-DP)和情感网格进 行创造性思维和情感的评估,结果表明,积极和消极的音乐都能够激发创造性思 维。本研究中个人和团队的设计想法结果显示,在数量上,与无音乐的对照组相 比,积极音乐和消极音乐条件下设计师产生了更多的设计想法,尽管这一差异还未 达到统计学意义。在想法的质量上,无音乐条件与积极音乐和消极音乐条件相比 评分更高。以上表明音乐能够在一定程度上激发设计思维的发散,但是高质量的 设计想法还需要更安静地深入思考。

从心率的变化结果看(见图 8.6),个人条件下音乐组的心率呈上升趋势,而无 音乐的对照组心率呈下降趋势,与 Bigliassi 等(2019)发现的音乐可以从外部引导 注意力、引起更多的情感反应相一致。据此推断,不论是积极音乐还是消极音乐, 都能在一定程度上调个人的情感感知。结合设计想法的结果,这种情感在设计过 程中是有益的,表现在设计师思维的拓展与提升。而在无音乐条件下,设计师能够 更加平静和集中注意力,思考得更全面,产出更高质量的想法。在团队条件下,心 率的波动相比之前更大且均呈下降趋势,这可能与实验的设置有关,团队前期讨论 较为积极,心率较高,后期被试开始各自安静地绘制草图想法,心率下降。

在基于脑电分析的创造力研究中,α 活动被一致认为与创造性思维密切相关。 创造性思维过程中,α 波段的同步可以被解释为活跃的认知过程。实验进一步将 α 波段分为 $\alpha 1$ 和 $\alpha 2$,观察到与积极音乐条件相比,消极音乐和无音乐条件下前额叶、

额叶和顶枕区的 α2 表现出更高的功率谱密度,如图 8.7 所示。方差分析结果显示,个人/团队和音乐对 α2 均有显著影响($p<0.05$),而对 α1 均没有显著影响($p>0.05$)。造成这一结果的两个原因是:积极的音乐可以引起愉快的情绪,转移了注意力(或导致分心);听消极音乐或无音乐使被试更专注于设计任务,有利于深入思考。α1(8~10Hz)活动被认为能够反映一般的注意力过程(基本的警戒、警觉或唤醒),而 α2(10~12Hz)活动被认为对特定的认知任务更敏感(如语义记忆过程)。此外,Fink 等(2011)发现,情感刺激干预与 α2 活动有关,这被解释为内部定向注意的增强。实验结果为之前的研究提供了额外支持,并进一步证明 α2 的活动与设计思维密切相关,也证实了设计活动需要创造性思维的事实。

个人/团队和音乐这两个因素对 θ 波均具有显著影响($p<0.05$)。如图 8.7 所示,在前额叶区域,积极音乐条件表现出比消极音乐和无音乐条件更高的 θ 活动,与 Sammler 等(2007)观察到在听悦耳音乐时前额 θ 功率增加的结果一致。此外,θ 波在情绪处理中扮演着十分重要的角色,并与提高情景记忆、记忆负荷和工作记忆激活有关。由此可以推测,θ 活动可能是情绪和工作记忆共同作用的结果。

团队讨论交流想法是设计过程中常见的方式。在个人条件与团队条件的比较中,团队设计想法的数量和质量更少,但没有显著性差异。先前研究也表明群体互动会抑制思维的过程从而出现团队中产生的想法更少、质量更低的现象,这也是后来人们探究更多改进团队创意产生方法(如头脑风暴)的原因。在生理信号方面,团队条件下的心率与个人条件相比更高,且波动更大;脑电的结果显示,团队条件下 θ 和 α2 表现出更低的功率谱密度,这表明在团队的氛围下更容易上调个人的情感,但是设计思维可能受到了抑制。

8.1.4 本节小结

本节为探索音乐与创造力之间的关联机制提供了理论支撑。实验结果表明,音乐能够上调个人的情感感知,积极音乐能够诱发正向情感,但同时也会分散部分的注意力;积极的音乐在设计初期需要发散思维的时候是一个较好的选择,而安静的环境更适合进一步深入思考;与个人相比,团队氛围更容易产生愉快的情感。本节采用生理信号分析了音乐对创造力的影响机制,相关理论与方法可进一步应用于产品设计过程中不同设计思维阶段的研究。

参考文献

郭军锋,吴健辉,孙世月,等,2007.阅读与想象的 EEG 频谱能量分布研究[C]//第十一届全国心理学学术会议论文摘要集:681.

郝宁,2013.创造力的神经机制及其教育隐意[J].全球教育展望,42(2):63-73.

林郁泓,叶超群,刘春雷,2021.创造性思维的认知神经机制:基于 EEG 和 fMRI 研究证据[J].心理研究,14(2):107-117.

王彤星,2017.认知抑制影响创造性思维的 EEG 研究[D].西安:陕西师范大学.

王雪微,2017.急性应激影响发散思维过程的 EEG 研究[D].西安:陕西师范大学.

杨晓哲,2018.虚拟现实和脑电波反馈系统对于创造力表现影响的实证研究[D].上海:华东师范大学.

BIGLIASSI M, KARAGEORGHIS C I, HOY G K, et al. ,2019. The way you make me feel: Psychological and cerebral responses to music during real-life physical activity[J]. Psychology of Sport and Exercise,41:211-217.

BOLLS P D, LANG A, POTTER R F,2001. The effects of message valence and listener arousal on attention, memory, and facial muscular responses to radio advertisements[J]. Communication Research,28(5):627-651.

BRADT J, TEAGUE A,2018. Music interventions for dental anxiety[J]. Oral Diseases,24(3): 300-306.

CHAFIN S, ROY M, GERIN W, et al. ,2004. Music can facilitate blood pressure recovery from stress[J]. British Journal of Health Psychology,9(3):393-403.

DIETRICH A, KANSO R,2010. A review of EEG, ERP, and neuroimaging studies of creativity and insight[J]. Psychological Bulletin,136(5):822-848.

FINK A, BENEDEK M,2014. EEG alpha power and creative ideation[J]. Neuroscience & Biobehavioral Reviews,44:111-123. .

FINK A, SCHWAB D, PAPOUSEK I,2011. Sensitivity of EEG upper alpha activity to cognitive and affective creativity interventions[J]. International Journal of Psychophysiology,82(3):233-239.

GEORGE E M, COCH D,2011. Music Training and working memory: An ERP study[J]. Neuropsychologia,49(5):1083-1094.

GIBSON C, FOLLEY B S, PARK S,2009. Enhanced divergent thinking and creativity in musicians: A behavioral and near-infrared spectroscopy study[J]. Brain and Cognition, 69 (1): 162-169.

GOLDSCHMIDT G，SEVER A L，2011． Inspiring design ideas with texts[J]. Design Studies，32（2）：139-155．

GOLDSCHMIDT G，SMOLKOV M，2006． Variances in the impact of visual stimuli on design problem solving performance[J]. Design Studies，27（5）：549-569．

HE W J，WONG W C，HUI A N N，2017． Emotional reactions mediate the effect of music listening on creative thinking：perspective of the arousal-and-mood hypothesis[J]. Frontiers in Psychology，8：1680．

HOHMANN L，BRADT J，STEGEMANN T，et al.，2017． Effects of music therapy and music-based interventions in the treatment of substance use disorders：A systematic review[J]. PLOS ONE，12（11）：e0187363．

KAVAKLI M，GERO J S，2001． Sketching as mental imagery processing[J]. Design Studies，22（4）：347-364．

KLIMESCH W，1996． Memory processes，brain oscillations and EEG synchronization[J]. International Journal of Psychophysiology，24（1-2）：61-100．

KLIMESCH W，SAUSENG P，HANSLMAYR S，2007． EEG alpha oscillations：The inhibition-timing hypothesis[J]. Brain Research Reviews，53（1）：63-88．

KOU S，MCCLELLAND A，FURNHAM A，2018． The effect of background music and noise on the cognitive test performance of chinese introverts and extraverts[J]. Psychology of Music，46（1）：125-135．

LAI C F，LAI Y H，HWANG R H，et al.，2019． Physiological signals anticipatory computing for individual emotional state and creativity thinking[J]. Computers in Human Behavior，101：450-456．

LESIUK T，2005． The effect of music listening on work performance[J]. Psychology of Music，33（2）：173-191．

LIAO C M，CHANG W C，2015． A survey on effects of music on design association[J]. Bulletin of Japanese Society for the Science of Design，61（5）：47-56．

MARTIN R C，WOGALTER M S，FORLANO J G，1988． Reading comprehension in the presence of unattended speech and music[J]. Journal of Memory and Language，27（4）：382-398．

MAYSELESS N，HAWTHORNE G，REISS A L，2019． Real-life creative problem solving in teams：Fnirs based hyperscanning study[J]. Neuro Image，203：116161．

NANTAIS K M，SCHELLENBERG E G，1999． The mozart effect：An artifact of preference[J]. Psychological Science，10（4）：370-373．

NGUYEN T A，ZENG Y，2014． A physiological study of relationship between designer's mental effort and mental stress during conceptual design[J]. Computer-Aided Design，54：3-18．

NIJSTAD B A, STROEBE W,2006. How the group affects the mind: a cognitive model of idea generation in groups[J]. Personality and Social Psychology Review,10(3):186-213.

OLIVER M D, LEVY J J, BALDWIN D R,2021. Examining the effects of musical type and intensity in performing the flanker task: A test of attentional control theory applied to non-emotional distractions[J]. Psychology of Music,49(4):1017-1026.

PELLETIER C L,2004. The effect of music on decreasing arousal due to stress: A meta-analysis [J]. Journal of Music Therapy,41(3):192-214.

RAUSCHER F H, SHAW G L, KY K N,1995. Listening to mozart enhances spatial-temporal reasoning: Towards a neurophysiological basis[J]. Neuroscience Letters,185(1):44-47.

RAVAJA N,2004. Contributions of psychophysiology to media research: Review and recommendations[J]. Media Psychology,6(2):193-235.

RITTER S M, FERGUSON S,2017. Happy creativity: Listening to happy music facilitates divergent thinking[J]. PLOS ONE,12(9):e0182210.

RITTER S M, MOSTERT N,2017. Enhancement of creative thinking skills using a cognitive-based creativity training[J]. Journal of Cognitive Enhancement,1(3):243-253.

ROQUE A, VALENTI V, GUIDA H, et al. ,2013. The effects of auditory stimulation with music on heart rate variability in healthy women[J]. Clinics,68(7):960-967.

SAMMLER D, GRIGUTSCH M, FRITZ T, et al. ,2007. Music and emotion: Electrophysiological correlates of the processing of pleasant and unpleasant music[J]. Psychophysiology,44 (2):293-304.

SAUSENG P, KLIMESCH W, SCHABUS M, et al. ,2005. Fronto-parietal EEG coherence in theta and upper alpha reflect central executive functions of working memory[J]. International Journal of Psychophysiology,57(2):97-103.

SCOTT G, LERITZ L E, MUMFORD M D,2004. The effectiveness of creativity training: A quantitative review[J]. Creativity Research Journal,16(4):361-388.

SHUMANJ, KENNEDY H, DEWITT P, et al. ,2016. Group music therapy impacts mood states of adolescents in a psychiatric hospital setting[J]. The Arts in Psychotherapy,49:50-56.

SOZO V, OGLIARI A,2019. Stimulating design team creativity based on emotional values: A study on idea generation in the early stages of new product development processes[J]. International Journal of Industrial Ergonomics,70:38-50.

STAUM M J, BROTONS M,2000. The effect of music amplitude on the relaxation response[J]. Journal of Music Therapy,37(1):22-39.

STEVENS C E, ZABELINA D L,2019. Creativity comes in waves: An eeg-focused exploration of the creative brain[J]. Current Opinion in Behavioral Sciences,27:154-162.

SUN L, XIANG W, CHAI C, et al. ,2013. Impact of text on idea generation: An electroencephalography study[J]. International Journal of Technology and Design Education, 23 (4): 1047-1062.

THOMPSON W F, SCHELLENBERG E G, HUSAIN G, 2001. Arousal, mood, and the mozarteffect[J]. Psychological Science,12(3):248-251.

VAN DER LUGT R,2005. How sketching can affect the idea generation process in design group meetings[J]. Design Studies,26(2):101-122.

WARD J, THOMPSON-LAKE D, ELY R, et al. ,2008. Synaesthesia, creativity and art: What is the link? [J]. British Journal of Psychology,99(1):127-141.

Yamada Y, Nagai M,2015. Positive mood enhances divergent but not convergent thinking[J]. Japanese Psychological Research,57(4):281-287.

第9章 展 望

本章基于最新的研究成果,探讨生理计算技术的发展趋势,并对其在不同设计领域的应用进行总结与展望。生理信号技术依托精确的信号采集技术和特征工程技术,因此这两方面的技术在未来将得到重点关注与提升。在研究人员与技术人员的努力下,生理计算技术已广泛应用于不同领域,为各个行业带来了更多可能性。未来设计相关领域中的应用不仅涉及设计辅助、人机工程、人机交互和设计思维,还可延伸到更多应用领域也将逐步显现。

9.1 生理计算技术展望

随着生理计算研究领域中信号采集技术与分析算法的发展,我们能通过多种方式获得更加精确且有效的生理信号数据。根据不同的使用场景,越来越多的穿戴式生理测量技术设备正在走向市场,广泛地被大众接受并在日常生活中使用。这种趋势也促使相关领域的研究人员更深入地对生理计算技术进行改进与优化。分析目前前沿的生理计算相关文献与技术进展,研究者主要致力于信号采集技术与特征工程技术两个方面。前者的目的是研究新型的生理信号采集设备,以获取更加精准的各类生理数据;后者致力于获得高可分性生理信号特征指标以实现更高的生理信号识别精度。

9.1.1 信号采集技术展望

1. 更高质量的信号

高质量的信号可以帮助研究者更好地分析数据。因此,在采集设备的研究工作中,研究者不断致力于追求设备采集技术的改进,以获得质量更好的生理数据。

脑电采集过程包括侵入式与非侵入式两种。侵入式可以获得更加精确、可靠的脑电数据,但由于电极使用难度大且会造成创伤,高精度的非侵入式脑电采集技术更具有应用前景。Li等(2020)在近期研究中开发了半干式应用型脑电设备,能够采集高精度脑电信号。这种脑电采集设备采用一种新型的聚丙烯酰胺/聚乙烯醇超多孔水凝胶(PAAm/PVA SPH)基半干电极,用于捕获毛状头皮的脑电信号。其半干式技术在电极与皮肤接触部位实现了理想的局部皮肤水合作用,促进了生物电信号通路并显著降低了电极与皮肤之间的阻抗值(阻抗值越低则脑电数据的采集更加精确稳定,通常实验中阻抗值需要达到50kΩ以下)。这种半干电极的出现弥补了实验中常用的湿式电极在使用上的不便(传统实验中的湿式电极使用时需要注入导电膏,容易造成使用者的不适)及传统干式电极低精度的缺点,有巨大的应用潜力。

肌电采集多采用肌电电极片(通常一个肌肉区域对应三个电极片)完成。涉及较小肌肉或多电极测量时,由于电极片体积过大、易松动等原因,部分实验使用受限。前沿的机电采集设备研究致力于在提升用户佩戴舒适性的同时获取更加精确、完整的数据。手势控制臂环(MYO腕带)是加拿大创业公司Thalmic Labs推出的创新性臂环,如图9.1所示,用户只要动动手指或者手臂,就能操作科技产品,与之发生互动。MYO腕带里装置了电极,使其能够在用户做出伸缩手势时读出肌肉的肌电信号,并将其转换成操作命令,通过软件以无线网络的方式传送给电子设备。与医疗电极不同的是,MYO腕带并不直接与皮肤进行接触,用户只需将腕带随意套在手臂上即可。MYO腕带可以识别出20种手势,甚至连手指的轻微敲击动作也能被识别,用户可以利用手势来进行一些常用的触屏操作,如对页面进行放大缩小和上下滚动等。

图9.1　MYO腕带

图片来源:https://developerblog.myo.com/leviathan-midi-osc-music-controller-for-myo/.

2. 非接触式的采集设备

传统生理信号的采集多采用接触式穿戴设备,这类采集方式的采集过程相对复杂,并且肢体运动会受到一定限制,导致用户舒适性较差。未来采集设备的佩戴方式会向轻便化和非接触式的方向发展,以获得更好的用户体验。

在轻便化方面,Won 等(2019)研发了一种"电子皮肤"传感装置,其通过激光技术在金属纳米粒子薄膜上产生裂纹来获取高灵敏度的生理数据。电子皮肤的优势为泛用性与便捷性,其材质特性让它可以适应手部、腿部以及身体各种区域的信号采集。由于电子皮肤轻便化的特性,用户在穿戴后能够自由运动,具有更佳的用户体验。电子皮肤在 VR 手套上的应用如图 9.2 所示,其可精确检测用户的手指运动。

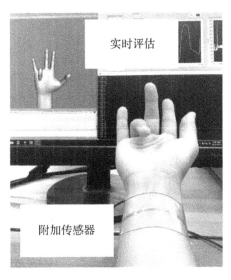

图 9.2　电子皮肤在 VR 手套上的应用

图片来源:https://www.techbriefs.com/component/content/article/tb/tv/37181.

在非接触式方面,Lee 等(2016)开发了一种基于压力传感单元的生理信号检测床,通过转换算法即可获得婴儿在婴儿床上睡眠时的心率与呼吸率生理数据。这种非接触式采集方法首先采集床底 4 个压力传感单元的压力信号,其次采用自动传感数据选择与检测算法将压力信号转换为心率与呼吸率信号,如图 9.3 所示(Kyu et al.,2016)。通过现有呼吸信号采集设备采集到的实际呼吸数据表明,这种婴儿床能够采用非接触式方法进行婴儿的生理信号的精确获取与客观评估。

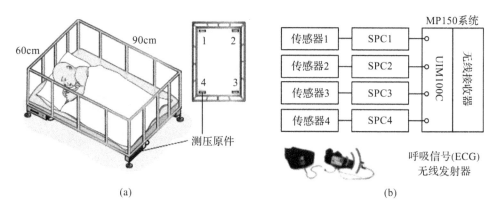

(a)   (b)

图 9.3　基于重力传感器的婴儿生理信号监测床

9.1.2　特征工程技术展望

1. 噪声去除

生理信号在采集过程中往往会受很多外界因素(信号干扰、声音干扰、工频干扰等)影响而产生噪声,因此在使用生理信号之前,通常需要使用一系列预处理去除其中的噪声。Li 等(2021)提出了一种新型的针对脑电信号的肌电噪声去除方法。该方法构建了一种去除脑电信号中肌电信号伪迹的独立成分分析模型,能够自动识别并消除包含肌电信号伪迹的独立成分。结果表明,该方法比起传统独立成分分析方法,可以更有效地去除脑电信号中的肌电信号伪迹。该研究提出的这种技术也实时适用于其他生理信号(心电信号、压力信号等)的去伪步骤。

2. 特征提取算法

生理信号精确识别的核心步骤是特征提取。如何从原始信号中提取更深层、更具有区分度的隐含特征,是提升识别精度的关键。

在脑电特征提取方面,Zhang 等(2021)在其研究中提出一种创新的基于卷积神经网络架构的脑电信号特征增强方法,可实现脑电信号的特征放大处理。该方法可应用于运动想象分类,并在公共数据集上进行验证。结果表明,这种数据增强方法使运动想象脑电信号分类的准确度和鲁棒性得到了较大提升。Zhang 等(2019)设计了一个图卷积宽度网络(graph convolutional broad network,GCB-Net)研究脑电图结构数据更深层次的特征信息。该网络利用图卷积层来提取图结构输入的特征,并叠加多个规则卷积层来提取相对抽象的特征,是一种兼顾抽象深层特征和拓扑特征的提取方法。最后的连接使用了广义概念,保留了所有层的输出,允许模型在广阔的空间中搜索特性。为了提高 GCB-Net 的性能,应用广义宽度系统(broad learning system,BLS)来增强其特性。

在肌电特征提取方面,Gentile 等(2020)在最新的研究中使用超声引导技术来提高基于肌电信号的特异性检测效果。研究通过超声引导肌电信号对 46 例神经损伤者进行基线标准肌电信号的评估,以及运动单位电位的特异性检测,证明了采用超声引导肌电信号可以更早地检测相关症状。

3. 多模态生理信号数据融合算法

基于生理信号的实验都涉及多模态信息处理。数据融合技术能够用于多模态信息的特征选择与组合,通过融合来自多个传感器的数据和相关信息,实现比单传感器更准确的判断。Uribe 等(2018)指出,多模态数据融合技术已广泛应用于医学诊断领域,这种技术相比单独的信号输入,可以获得更复杂的综合特征,但需要选择合理算法来避免冗余信息的计算负担。Farman 等(2022)在心脏病检测系统的研究中使用了基于深度学习的多模态特征融合技术,实现了对高维数据集的快速处理,这种特征融合技术通过消除冗余特征和进行特征选择减轻模型训练负担,并得到了更好的识别效果。多模态数据融合技术在情感计算领域也被广泛应用。Ahmed 等(2022)提出了两种使用深度卷积神经网络的多模式数据融合方法评估不同类别的情绪(正向情绪和负向情绪),并同步比较了使用五种不同的生理信号作为输入时模型的识别结果。结果显示,在使用其中四种生理信号(呼吸信号、心电信号、肌电信号、皮肤电信号)作为数据集进行训练时可以获得最优的识别模型参数。这些研究表明,基于多模态信息的特征融合技术可以获取更深层、更综合、更全面的特征信息,而高效的特征提取算法与有效的特征选择算法是该技术的核心。

9.2　生理计算在设计领域中的应用延伸

生理计算在设计领域一直发挥着重要的作用。本书主要分析了生理计算在设计领域中设计辅助、人机工程、人机交互和设计思维四个方面的应用与案例,但随着研究的深入与技术的发展,生理计算在设计领域的应用也在不断延伸。随着信息化技术的不断发展,计算机系统逐渐被视为一种社交机器,而生理计算不仅可以使计算机系统以更智能的方式理解用户,还可以提供一种更多元的交互方式以满足不同用户的需求。以下从医护监测、无障碍(个性化)设计领域、社交互动领域等方向介绍了生理计算在设计领域中的应用延伸。

9.2.1 医护监测领域

在远程监护方面,医生通过基本的生理指标(如血压、心率、体温)和完整的影像实时进行,并在指标异常时做出相应的反馈。美国的医护设备公司 Seer Medical 致力于将复杂的医疗系统变得家庭化,开发了一系列相关的家庭式医护监测设备。该公司开发的一款便携式无线脑电-心电监测设备(见图 9.4),可用于癫痫病的家庭监控。该设备提供了线上实时的智能医疗数据诊断服务,通过数据分析提供患者和医生综合的评估测试结果。公司同时也开发了相应的移动应用程序实时接收来自设备的心电、脑电数据并给予反馈。

图 9.4 便携式无线脑电-心电监测设备

图片来源:https://seermedical.com/.

在情感监测方面,多采用情感计算方法针对采集到的生理信号识别患者当前的情感或情绪状态,并实施监督与调控。这种监督模式可以直接通过用户的主观感受进行情感分析,为医生提供患者情绪状态的诊断报告,也可以对用户的心理活动进行解读以实现对心理疾病的实时监控。Abayomi (2018)的研究提出一种结合人类情感识别和人类活动识别的体系框架对独居老人进行监测。监测内容包括位置信息、个人情绪、基础生理信号和肢体加速度数据,可在独居老人生理心理状态变化并在必要时发出警报(特别是在需要紧急服务的状况下)。这种监测模式不同于普通的远程视频监控,其可以防止侵犯用户的隐私,也可以避免单一生理信号监测的局限性(单一的生理信号无法表征复杂、综合的生理、心理活动)。基于情感识别和运动识别的监测流程如图 9.5 所示。

9.2.2 无障碍设计领域

据中国残联统计,中国现有 8500 万残疾人,是世界上残疾人口最多的国家。随着社会老龄化程度的加重,残疾人口数量也在持续增长。生理计算技术可弥补

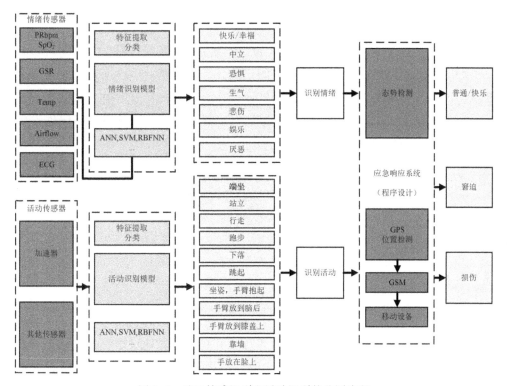

图 9.5 基于情感识别和活动识别的监测流程

残障人士生理和认知能力的不足,让他们可以顺畅地与他人、物理世界和信息设备进行交互。荷兰乌得勒支大学医学院神经科学家 Vansteensel 等(2016)成功在一名肌萎缩侧索硬化的闭锁综合征女患者脑部植入脑电阵列电极,使其无须医疗人员协助即能与他人进行思想交流。脑机接口植入 28 周后,该患者已经能够准确、独立地控制计算机打字程序,且每分钟可以打出 2 个字母,准确率达到 95%。美国明尼苏达大学 Meng 等(2016)让普通人在没有植入大脑电极的情况下(采用穿戴式电极),只凭借"意念"就可在复杂的三维空间内实现物体控制,包括操纵机器臂抓取、放置物体和控制飞行器飞行等。经过训练,被试利用意识抓取物体的成功率在 80% 以上,把物体放回货架上的成功率超过 70%。腾讯旗下的搜狗输入法、信息无障碍研究会、全国残疾人用品开发供应总站共同发起了"众声"无障碍输入公益计划,发布了一项"眼动输入"无障碍解决方案,借助一款内置眼球追踪技术的眼控仪,让残障用户通过眼球转动和凝视,即可操作电脑完成输入。这些研究成果有望帮助上千万的残疾人和神经性疾病患者实现无障碍交互。

9.2.3　社交互动领域

随着通信技术的发展,更多的终端设备开始在 5G 时代具有社交属性的功能(如手机应用中的社交软件、穿戴设备的记录分享功能等),用户也乐于追求更多更新奇的社交方式与交互手段。基于生理计算的交互方式可以很好地契合这些应用的社交属性,使新的交互场景成为可能。同时,生理计算技术可以探析用户的心理功能,提供一种人与人交互过程中的情感表达方法。张博等(2021)以生理信号为媒介,对社交互动行为进行探索。Li 等(2018)使用生理耦合指标(即衡量一群人的生理活动耦合程度)衡量社会互动的质量,并建议将该指标用于社交反馈分析。这项研究成果可有效应用于评估人际关系的紧密程度,帮助团队合作取得更好表现,或检测耦合程度发现一个群体中具有领导者潜质的精英。生理计算能够为群体社会联系的建立与分析提供理论和技术支撑,有效增强产品的社交属性。

9.2.4　其他领域

除了以上描述的几种应用场景外,生理计算在许多其他设计相关领域都有重要作用。产品形态是消费者在挑选产品时最直观的印象,形态的表达是每一个设计师和生产厂商最关注的问题之一。眼动数据可应用于产品形态的评估,首次注视时间、回视次数等眼动数据可构建产品形态设计要素评价模型。有研究通过采集相关的眼动数据并将分析结果与专家讨论结果进行比较分析,验证了这种产品形态评价模型的有效性。不仅如此,除眼动信号外,肌电、心电或脑电等相关数据也可应用于产品形态评价。未来的设计评估或将引入多模态生理信号用以获得更精确、更普适的评价模型。生理计算技术在其他设计领域的应用场景还有基于生理信号的情境感知计算、交互艺术、虚拟现实、元宇宙产品设计等,相关的应用成果也将逐步进入大众的视线。

9.3　本章小结

本章从高质量信号获取与非接触式采集方式探讨了生理信号采集技术的发展方向,从噪声去除、特征提取、数据融合等技术手段分析了生理信号特征工程技术的发展趋势。随着生理信号采集技术和特征工程技术的发展,越来越多的基于生理计算技术的穿戴式设备正在走向成熟,越来越广泛地被大众接受并在日常生活中使用。同时,生理计算技术也不断应用于更多与设计相关的应用领域,包括医护检测、无障碍设计、社交互动、产品评价、情境感知、交互艺术、虚拟现实、元宇宙产品设计等,为各个行业带来了更多可能性。

参考文献

陈万琼,2022.事件相关电位及脑电图对癫痫患者认知功能的评估价值分析[J].医学理论与实践,35(3):365-367,393.

董元发,蒋磊,彭巍,等,2022.融合 EEG-EMG 生理信号的人机协作装配意图识别方法研究[J/OL].中国机械工程:1-8.[2022-03-23]. http://kns.cnki.net/kcms/detail/42.1294.th.20220104.0851.006.html.

孙丽娜,邓雨婕,钟璐,2021.高等教育领域便携式脑电图技术:现状与热点[J].现代远距离教育(6):85-94.

俞孝儒,徐文龙,徐冰俏,等,2021.鼻腔内机械振荡刺激对健康人群静息态脑电图相对功率及有效连接的影响[J].中国生物医学工程学报,40(6):674-680.

张博,刘璐,杨立波,等,2021.基于时域、频域脑电(EEG)特征情感分类研究[J].长春理工大学学报(自然科学版),44(5):51-57.

周强,田鹏飞,2022.基于迁移学习多层级融合的运动想象 EEG 辨识算法[J/OL].电子测量与仪器学报:1-9.[2022-03-23]. http://kns.cnki.net/kcms/detail/11.2488.TN.20220302.1005.002.html

ABAYOMI A, OLUGBARA O O, Heukelman D, 2018. An architecture utilizing human emotions and activities recognition for remote monitoring[C]//2018 International Conference on Advances in Big Data, Computing and Data Communication Systems (icABCD). IEEE:1-4.

AHMED M, CHEN Q, LI Z, 2020. Constructing domain-dependent sentiment dictionary for sentiment analysis[J]. Neural Computing and Applications, 32(18):14719-14732.

ALBRAIKAN A, HAFIDH B, EL SADDIK A, 2018. IAware: A real-time emotional biofeedback system based on physiological signals[J]. IEEE Access, 6:78780-78789.

ALI M, MACHOT F, MOSA A, et al., 2018. A globally generalized emotion recognition system involving different physiological signals[J]. Sensors, 18(6):1905.

AYATA D, YASLAN Y, KAMASAK M E, 2018. Emotion based music recommendation system using wearable physiological sensors[J]. IEEE Transactions on Consumer Electronics, 64(2):196-203.

BANDYOPADHYAY S, UKIL A, PURI C, et al. ,2018. Pattern analysis in physiological pulsatile signals: An aid to personalized healthcare[C]//2018 40th Annual International Conference of the IEEE Engineering in Medicine and Biology Society (EMBC). Honolulu, HI: IEEE:482-485.

BESSA R J, TRINDADE A, MIRANDA V,2015. Spatial-Temporal solar power forecasting for smart grids[J]. IEEE Transactions on Industrial Informatics,11(1):232-241.

CHANG C D, WANG C C, JIANG B C,2012. Singular value decomposition based feature extraction technique for physiological signal analysis[J]. Journal of Medical Systems,36(3):1769-1777.

CHUNG S C, YANG H K,2008. A real-time emotionality assessment (RTEA) system based on psycho-physiological evaluation[J]. International Journal of Neuroscience,118(7):967-980.

ZHANG C, KIM Y K, ESKANDARIAN A,2021. EEG-inception: An accurate and robust end-to-end neural network for EEG-based motor imagery classification[J]. Journal of Neural Engineering,18(4):046014.

ELSAYED N, SAAD Z, BAYOUMI M,2017. Brain computer interface: EEG signal preprocessing issues and solutions[J]. International Journal of Computer Applications,169(3):12-16.

FARMAN H, AHMAD J, JAN B, et al. ,2022. Efficient Net-based robust recognition of peach plant diseases in field images[J]. Cmc-Computers Materials & Continua,71(1):2073-2089.

FORTIN-COTE A, BEAUDIN-GAGNON N, CAMPEAU-LECOURS A, et al. ,2019. Affective computing out-of-the-lab: The cost of low cost[C]//2019 IEEE International Conference on Systems, Man and Cybernetics (SMC). Bari, Italy: IEEE:4137-4142.

GASHI S, LASCIO E D, SANTINI S,2019. Using unobtrusive wearable sensors to measure the physiological synchrony between presenters and audience members[J]. Proceedings of the ACM on Interactive, Mobile, Wearable and Ubiquitous Technologies,3(1):1-19.

GENTILE L, CORACI D, PAZZAGLIA C, et al. ,2020. Ultrasound guidance increases diagnostic yield of needle EMG in plegic muscle[J]. Clinical Neurophysiology,131(2):446-450.

GERÖAK G,2020. Electrodermal activity-a beginner's guide[J]. Elektrotehniski Vestnik,87(4):175-182.

GIBALDI A, VANEGAS M, BEX P J, et al. ,2017. Evaluation of the Tobii Eyex Eye tracking controller and Matlab toolkit for research[J]. Behavior Research Methods,49(3):923-946.

GRECO A, VALENZA G, CITI L, et al. ,2017. Arousal and valence recognition of affective sounds based on electrodermal activity[J]. IEEE Sensors Journal,17(3):716-725.

HASSANI S, BAFADEL I, BEKHATRO A, et al. ,2017. Physiological signal-based emotion recognition system[C]//2017 4th IEEE International Conference on Engineering Technologies and Applied Sciences (ICETAS). Salmabad: IEEE:1-5.

HEATH G H,2003. Control of proportional grasping using a myokinemetric signal[J]. Technology and Disability,15(2):73-83.

JIANG Y, SAMUEL O, LIU X, et al. ,2018. Effective biopotential signal acquisition: Comparison of different shielded drive technologies[J]. Applied Sciences,8(2):276.

JIN M, CHEN H, LI Z, et al. ,2021. EEG-Based emotion recognition using graph convolutional network with learnable electrode relations[C/OL]//2021 43rd Annual International Conference of the IEEE Engineering in Medicine & Biology Society (EMBC). Mexico: IEEE:5953-5957 [2022-03-23]. https://ieeexplore.ieee.org/document/9630195/.

KAM J W Y, GRIFFIN S, SHEN A, et al. ,2019. Systematic comparison between a wireless EEG system with dry electrodes and a wired EEG system with wet electrodes[J]. NeuroImage, 184:119-129.

Kim H S, Mun K R, Choi M H, et al. ,2020. Development of an fMRI-compatible driving simulator with simultaneous measurement of physiological and kinematic signals: the multi-biosignal measurement system for driving (MMSD)[J]. Technology and Health Care,28(S1): 335-345.

KIM J, ANDRÉ E,2018. Emotion recognition using physiological and speech signal in short-term observation[G]//ANDRÉ E, DYBKJAER L, MINKER W, et al. Perception and Interactive Technologies. Berlin, Heidelberg: Springer Berlin Heidelberg,4021:53-64.

LÄER L, KLOPPSTECH M, SCHÖFL C, et al. ,2001. Noise enhanced hormonal signal transduction through intracellular calcium oscillations[J]. Biophysical Chemistry,91(2):157-166.

LEE W, YOON H, HAN C, et al. ,2016. Physiological signal monitoring bed for infants based on load-cell sensors[J]. Sensors,16(3):409.

LI D, GE X. Design of emotional physiological signal acquisition system[J]. Current Trends in Computer Science and Mechanical Automation,2:18-25.

LI G, WU J, XIA Y, et al. ,2020. Towards emerging EEG applications: A novel printable flexible Ag/AgCl dry electrode array for robust recording of EEG signals at forehead sites[J]. Journal of Neural Engineering,17(2):26001.

LI Y, WANG P T, VAIDYA M P, et al. ,2021. Electromyogram (EMG) removal by adding sources of EMG (ERASE):A novel ica-based algorithm for removing myoelectric artifacts from EEG[J]. Frontiers in neuroscience,6(4):1408.

LIAO J, ZHONG Q, ZHU Y, et al. ,2020. Multimodal physiological signal emotion recognition based on convolutional recurrent neural network[J]. IOP Conference Series: Materials Science and Engineering,782(3):32005.

LIU S, ZHU M, LIU X,et al. ,2019. Flexible noncontact electrodes for comfortable monitoring of physiological signals[J]. International Journal of Adaptive Control and Signal Processing,33 (8):1307-1318.

LOBO-PRAT J, KOOREN P N, STIENEN A H, et al. ,2014. Non-invasive control interfaces for intention detection in active movement-assistive devices[J]. Journal of NeuroEngineering and Rehabilitation,11(1):168.

MCDUFF D,2021. Advancements in remote physiological measurement and applications in human-computer interaction[C]//YATAGAI T, AIZU Y, MATOBA O, et al. Yokohama, Japan:102510V.

Meng J, Zhang S, Bekyo A, et al. ,2016. Noninvasive electroencephalogram based control of a robotic arm for reach and grasp tasks[J]. Scientific Reports,6(1):1-15.

MIAO C, SHI B, LI H,2021. Research on human physiological parameters intelligent clothing based on distributed Fiber Bragg Grating [C]//YE S, ZHANG G, NI J. Beijing, China:71600U.

MIAO X, GÜREL N M, ZHANG W, et al. ,2021. Degnn: Improving graph neural networks with graph decomposition[C]//Proceedings of the 27th ACM SIGKDD Conference on Knowledge Discovery & Data Mining:1223-1233.

NACPIL E J C, WANG Z, NAKANO K,2021. Application of physiological sensors for personalization in semi-autonomous driving: A review [J]. IEEE Sensors Journal, 21 (18): 19662-19674.

NIEC Y, SUN H X, WANG J,2014. Application of chaos characteristics about physiological signals in emotion recognition based on approximate entropy[J]. Applied Mechanics and Materials,543:2539-2542.

NIKOLAOU F, ORPHANIDOU C, PAPAKYRIAKOU P, et al. ,2016. Spontaneous physiological variability modulates dynamic functional connectivity in resting-state functional magnetic resonance imaging[J]. Philosophical Transactions of the Royal Society A: Mathematical, Physical and Engineering Sciences,374(2067):20150183.

NORDIN A D, HAIRSTON W D, FERRIS D P,2018. Dual-electrode motion artifact cancellation for mobile electroencephalography[J]. Journal of Neural Engineering,15(5):056024.

ORQUIN J L, HOLMQVIST K,2018. Threats to the validity of eye-movement research in psychology[J]. Behavior Research Methods,50(4):1645-1656.

PANT J K, KRISHNAN S,2020. Group sparse structure and elastic-net regularization for compressive sensing of pulse-type physiological signals[J]. Biomedical Signal Processing and Control,57:101685.

POLLREISZ D, TAHERINEJAD N,2017. A simple algorithm for emotion recognition, using physiological signals of a smart watch[C]//2017 39th Annual International Conference of the IEEE Engineering in Medicine and Biology Society (EMBC). Seogwipo: IEEE:2353-2356.

ROBBINS K, SU K, HAIRSTON W D,2018. An 18-subject EEG data collection using a visual-oddball task, designed for benchmarking algorithms and headset performance comparisons[J]. Data in Brief,16:227-230.

SEBASTIAN K, SARI V, LIANG YU LOY, et al. ,2012. Multi-signal visualization of physiology (MVP): A novel visualization dashboard for physiological monitoring of Traumatic Brain Injury patients[C]//2012 Annual International Conference of the IEEE Engineering in Medicine and Biology Society. San Diego, CA: IEEE:2000-2003.

SHI X, WU P,2021. A smart patch with on:Demand detachable adhesion for bioelectronics[J]. Small,17(26):2101220.

SHU L, XIE J, YANG M, et al. ,2018. A review of emotion recognition using physiological signals[J]. Sensors,18(7):2074.

SILVA J, CHAU T,2003. Coupled microphone-accelerometer sensor pair for dynamic noise reduction in MMG signal recording[J]. Electronics Letters,39(21):1496.

SINGH O, SUNKARIA R K,2018. A new approach for identification of heartbeats in multimodal physiological signals[J]. Journal of Medical Engineering & Technology,42(3):182-186.

TORESANO L O H Z, WIJAYA S K, PRAWITO, et al. ,2020. Data acquisition system of 16-channel EEG based on ATSAM3X8E ARM Cortex-M3 32-bit microcontroller and ADS1299 [C]//Depok, Jawa Barat, Indonesia:30149.

URIBE Y F, ALVAREZ-URIBE K C, PELUFFO-ORDONEZ D H, et al. ,2018. Physiological signals fusion oriented to diagnosis: A review[C]//Colombian Conference on Computing. Springer, Cham:1-15.

VALENTIN O, DUCHARME M, CRETOT-RICHERT G, et al. ,2018. Validation and benchmarking of a wearable EEG acquisition platform for real-world applications[J]. IEEE Transactions on Biomedical Circuits and Systems,(1):1.

VANSTEENSEL M J, PELS E G M, BLEICHNER M G, et al. ,2016. Fully implanted brain-computer interface in a locked-in patient with ALS[J]. New England Journal of Medicine,375 (21):2060-2066.

WANG C，GUO J，2019. A data-driven framework for learners' cognitive load detection using ECG-PPG physiological feature fusion and XGBoost classification[J]. Procedia Computer Science，147：338-348.

WANG J，LI J，JIN Z，et al.，2021. Design of portable physiological data detection system[C]// 2021 2nd International Conference on Artificial Intelligence and Information Systems. Chongqing China：ACM：1-6.

WANG S，LIU M，PANG B，et al.，2018. A new physiological signal acquisition patch designed with advanced respiration monitoring algorithm based on 3-axis accelerator and gyroscope[C]// 2018 40th Annual International Conference of the IEEE Engineering in Medicine and Biology Society (EMBC). Honolulu，HI：IEEE：441-444.

WARD R T，SMITH S L，KRAUS B T，et al.，2018. Alpha band frequency differences between low-trait and high-trait anxious individuals[J]. Neuro Report，29(2)：79-83.

WILLIAMS N，2017. The borg rating of perceived exertion (RPE) scale[J]. Occupational Medicine，67(5)：404-405.

WON P，PARK J J，LEE T，et al.，2019. Stretchable and transparent kirigami conductor of nanowire percolation network for electronic skin applications [J]. Nano letters，19 (9)：6087-6096.

WU W H，BATALIN M A，AU L K，et al.，2007. Context-aware sensing of physiological signals[C]//2007 29th Annual International Conference of the IEEE Engineering in Medicine and Biology Society. Lyon，France：IEEE：5271-5275.

LI X C，BEI L T，YUAN D，et al.，2018. The brain-to-brain correlates of Social Interaction in the Perspective of HyperscanningApproach[J]. Journal of Psychological Science(6)：1484.

YAN J，WANG B，LIANG R，2018. A novel bimodal emotion database from physiological signals and facial expression[J]. IEICE Transactions on Information and Systems，E101. D(7)：1976-1979.

YIN S，LI G，LUO Y，et al.，2021. A Single-channel amplifier for simultaneously monitoring impedance respiration signal and ECG signal[J]. Circuits，Systems，and Signal Processing，40 (2)：559-571.

YONG P K，WEI HO E T，2016. Streaming brain and physiological signal acquisition system for IoT neuroscience application[C]//2016 IEEE EMBS Conference on Biomedical Engineering and Sciences (IECBES). Kuala Lumpur：IEEE：752-757.

YOUNG L R，SHEENA D，1975. Survey of eye movement recording methods[J]. Behavior Research Methods & Instrumentation，7(5)：397-429.

YU M, ZHANG D, ZHANG G, et al. ,2019. A review of EEG features for emotion recognition [J]. SCIENTIA SINICA Informationis,49(9):1097-1118.

YUAN J, MIAO K H,2013. Remote medical diagnosis system based on bluetooth[J]. Applied Mechanics and Materials,427-429:1360-1363.

ZHAN Z, LIN R, TRAN V-T, et al. ,2017. Paper/Carbon nanotube-based wearable pressure sensor for physiological signal acquisition and soft robotic skin[J]. ACS Applied Materials & Interfaces,9(43):37921-37928.

ZHANG T, WANG X, XU X, et al. ,2019. GCB-Net: Graph convolutional broad network and its application in emotion recognition[J]. IEEE Transactions on Affective Computing,32(6): 286-292.